GMI 磁传感器技术

GMI CI CHUANGANQI JISHU

晋 芳 董凯锋 宋俊磊 莫文琴 著

图书在版编目(CIP)数据

GMI 磁传感器技术/晋芳等著. —武汉:中国地质大学出版社,2025.3. —ISBN 978-7-5625-6000-5

Ⅰ. TP212

中国国家版本馆 CIP 数据核字第 2025V32J39 号

GMI 磁传感器技术	晋 芳 董凯锋 宋俊磊 莫文琴	著
责任编辑:周 旭	责任校对:徐蕾蕾	
出版发行:中国地质大学出版社(武汉市洪山区鲁磨路 388 号)	邮编:430074	
电 话:(027)67883511　　传 真:(027)67883580	E-mail:cbb@cug.edu.cn	
经 销:全国新华书店	http://cugp.cug.edu.cn	
开本:787 毫米×1092 毫米　1/16	字数:256 千字	印张:10
版次:2025 年 3 月第 1 版	印次:2025 年 3 月第 1 次印刷	
印刷:武汉中远印务有限公司		
ISBN 978 - 7 - 5625 - 6000 - 5	定价:68.00 元	

如有印装质量问题请与印刷厂联系调换

前 言

在当今科技飞速发展的时代,各种新型材料和传感技术不断涌现,为科学研究和工业应用提供了前所未有的机遇。其中,巨磁阻抗(giant magneto-impedance,GMI)效应作为一种新型且高效的磁传感机制,凭借其高灵敏度、快速响应等卓越特性,成为科研与应用领域的热门焦点,引起了广泛关注。GMI效应不仅在基础物理研究中具有重要价值,而且在实际应用领域展现出巨大的潜力。然而,目前市面上鲜少有著作能系统且深入地阐述其原理、实现方法及未来发展趋势,这无疑给众多科研人员和工程技术人员深入了解与应用GMI效应带来了诸多不便。鉴于此,作者凭借自身在GMI效应领域十余年深耕细作的理论研究与实际应用经验,精心撰写完成本书。本书旨在为广大科研与工程技术人员提供全面且极具价值的关于GMI效应的参考资料,助力他们在GMI效应的研究与应用之路上畅行无阻。

本书全面论述了巨磁阻抗效应及其在磁传感器中的应用,旨在帮助读者掌握核心知识。我们将从基本概念出发,首先深入剖析GMI效应的物理机制与模型,通过模型仿真来帮助读者理解其背后的物理机理;接着探讨材料特性和制备工艺,揭示材料与工艺对巨磁阻抗效应的关键影响;随后聚焦于传感器探头设计与系统电路的实现,阐述如何将理论知识转化为实际可操作的传感器技术;之后对GMI传感器噪声的建模与分析进行详细解读,帮助读者理解传感器噪声的根源及其对传感器性能的影响;最后介绍测试系统与设计,完善从理论到实践的闭环知识体系。通过这样的内容架构,一方面,为初学者搭建起从基础磁学理论通往GMI效应磁传感器专业知识的桥梁,使其能够循序渐进地理解这一复杂领域的知识体系,轻松踏入该领域的学习大门;另一方面,为专业研究人员提供全面且深入的理论与实践参考,助力他们在科研工作中攻克难题,拓展研究边界,推动该领域技术的创新与发展。在本书的写作过程中,笔者秉持严谨科学的态度,力求内容准确无误、逻辑严谨。同时,语言表达力求通俗易懂,尽可能避免晦涩难懂的专业术语,以确保不同知识层次的读者都能从中受益,满足各类读者的需求。

本书得以顺利完成,离不开众多研究生和课题组成员的共同努力。在此,我谨向所有投身于相关研究的硕士研究生表达我最诚挚的感谢。在磁学基础部分的撰写过程中,卫彦、曲颖慧等同学不辞辛劳,对相关磁学基本概念进行了全面且系统的整理归纳,为后续内容的展开奠定了坚实基础。在材料制备与特性研究领域,朱蕾、赵植、彭俊文、徐雷等同学针对软磁薄膜与柔性基底薄膜的制备及特性优化,在第2章展开了深入且严谨的实验探究,为理解材料在巨磁阻抗效应中的作用提供了关键依据。在GMI效应的理论研究方面,周玲、黎俊乔、朱亚奇、饶恒畅、蒋杰峰等同学功不可没。他们对GMI效应的物理机制、敏感元件设计及仿真研究,尤其是在多层薄膜结构与噪声分析方面的探讨,构成了第3章的重要理论内容,为该领域的理论发展注入了新的活力。围绕 GMI 传感器的电路设计与噪声性能优化，彭景、王晋超、涂鑫、杨标、王海、齐永赛、鲁佳琦等同学通过复杂的噪声建模、精细的结构优化以及创新的传感器多轴设计，为第 4 章和第 5 章的内容提供了翔实的数据与关键技术方案。他们的努力，极大地提升了 GMI 传感器在实际应用中的性能。在 GMI 传感器的应用与测试系统开发方面，张鑫、刘磊、刘远丘、朱晓渝等同学积极开展传感器性能测试系统及设计相关研究，其成果在第 6 章得到了充分的体现。他们的工作为 GMI 传感器从理论走向实际应用搭建了坚实的桥梁。

此外，特别感谢课题组中雷贯、熊静雅、李思佳、焦俊杰、吴世豪、江锦鹏等研究生们，他们虽未直接参与本书研究工作，但在学术讨论中积极建言献策，在实验调试时全力协助，在设备维护上尽职尽责，在数据共享方面慷慨无私。他们的全方位支持，营造了良好的科研氛围，强化了团队合作精神，为整个课题组的科研工作做出了不可或缺的贡献。

最后，衷心希望读者翻开本书，开启一段充满收获的知识之旅。愿本书成为您探索 GMI 效应磁传感器领域的得力助手。若您阅读中有任何建议，欢迎交流，这对本书内容的完善和修订将具有重要意义。

目 录

第1章 磁学基础 (1)
  1.1 磁的基本概念 (1)
    1.1.1 磁的基本现象 (1)
    1.1.2 磁的基本参数和磁学基本定律 (2)
  1.2 磁各向异性和磁致伸缩 (8)
    1.2.1 磁各向异性基本概念 (8)
    1.2.2 感生各向异性 (8)
    1.2.3 交换各向异性 (9)
    1.2.4 表面和界面磁各向异性 (10)
    1.2.5 磁致伸缩效应 (11)
    1.2.6 磁弹性能 (12)
  1.3 磁畴理论 (13)
    1.3.1 磁畴成因 (13)
    1.3.2 磁畴结构及性质 (14)
    1.3.3 磁畴观测技术 (15)
  1.4 材料的磁化 (19)
    1.4.1 磁化曲线 (19)
    1.4.2 磁滞回线 (20)
    1.4.3 畴壁位移磁化过程 (21)
    1.4.4 动态磁化过程 (22)
  1.5 物质的磁性和磁性材料分类 (24)
    1.5.1 物质的磁性 (24)
    1.5.2 磁性材料分类 (25)
    1.5.3 软磁材料性能参数 (27)

第2章 GMI磁传感器原理和材料研究 (30)
  2.1 GMI效应的基本理论 (30)
    2.1.1 GMI效应定义 (30)
    2.1.2 GMI效应的产生机制 (30)
  2.2 GMI效应的常见机理解释 (32)
  2.3 GMI材料研究现状 (33)

  2.3.1 非晶丝 GMI 材料 ………………………………………………………… (33)
  2.3.2 薄带 GMI 材料 ………………………………………………………… (34)
  2.3.3 薄膜 GMI 材料 ………………………………………………………… (35)

第 3 章 GMI 效应理论模型推导与仿真 ……………………………………… (37)
 3.1 磁畴模型——以 GMI 效应理论模型为例 ……………………………… (37)
  3.1.1 磁化动力学 ……………………………………………………………… (38)
  3.1.2 阻抗的计算 ……………………………………………………………… (40)
  3.1.3 磁化平衡角的计算 ……………………………………………………… (41)
  3.1.4 磁导率和有效横向磁导率的计算 ……………………………………… (44)
  3.1.5 薄带和薄膜材料 GMI 效应的推导区别 ……………………………… (48)
 3.2 电磁学模型——以叠层结构 GMI 探头模型为例 ……………………… (48)
  3.2.1 磁性材料磁导率与外磁场的关系 ……………………………………… (50)
  3.2.2 平面线圈电感值与磁性材料磁导率的关系 …………………………… (51)

第 4 章 GMI 传感器探头设计与电路实现 …………………………………… (57)
 4.1 GMI 传感器探头设计 …………………………………………………… (57)
  4.1.1 典型的 4 种 GMI 探头激励方式及改进方式 ………………………… (57)
  4.1.2 对角式 GMI 传感器探头设计 ………………………………………… (58)
  4.1.3 非对角式 GMI 传感器探头设计 ……………………………………… (63)
 4.2 GMI 传感器整体电路实现方案 ………………………………………… (67)
  4.2.1 模拟 GMI 传感器总体设计方案 ……………………………………… (67)
  4.2.2 数字化 GMI 传感器总体设计方案 …………………………………… (69)
 4.3 GMI 传感器激励电路设计 ……………………………………………… (71)
  4.3.1 模拟与集成器件搭建的激励电路 ……………………………………… (71)
  4.3.2 DDS 信号发生器与 v-i 转换 ………………………………………… (73)
 4.4 GMI 传感器放大电路设计及信号处理 ………………………………… (78)
  4.4.1 同相前置放大电路 ……………………………………………………… (78)
  4.4.2 差分前置放大电路 ……………………………………………………… (79)
  4.4.3 基于模拟器件的信号处理电路设计 …………………………………… (81)
  4.4.4 基于 FPGA 的信号处理方法设计 …………………………………… (86)

第 5 章 GMI 传感器噪声建模与分析 ………………………………………… (98)
 5.1 模拟 GMI 传感器噪声来源及建模思路 ………………………………… (98)
  5.1.1 GMI 元件噪声 ………………………………………………………… (98)
  5.1.2 调理电路噪声 …………………………………………………………… (98)
  5.1.3 噪声建模思路 …………………………………………………………… (101)
 5.2 模拟 GMI 传感器的噪声模型描述 ……………………………………… (104)
  5.2.1 输出电压噪声模型的建立 ……………………………………………… (104)
  5.2.2 灵敏度模型的建立 ……………………………………………………… (109)

5.2.3　等效输入磁噪声模型的建立 …………………………………………… (110)
5.3　模拟GMI传感器噪声优化 …………………………………………………… (111)
　　5.3.1　调理电路参数的影响 …………………………………………………… (111)
　　5.3.2　静态工作点的选取的影响 ……………………………………………… (114)
5.4　数字GMI磁传感器基础元件噪声模型及建模思路 ………………………… (116)
　　5.4.1　信号处理电路噪声 ……………………………………………………… (116)
　　5.4.2　系统模型建立方法 ……………………………………………………… (120)
5.5　数字GMI磁传感器噪声模型 ………………………………………………… (121)
　　5.5.1　输出电压噪声模型 ……………………………………………………… (121)
　　5.5.2　输出灵敏度模型 ………………………………………………………… (126)
　　5.5.3　等效磁噪声模型 ………………………………………………………… (127)

第6章　GMI的测试系统与设计 …………………………………………………… (128)
6.1　GMI效应的测量原理 …………………………………………………………… (128)
　　6.1.1　GMI的测量方法 ………………………………………………………… (128)
　　6.1.2　磁场产生方法及比较 …………………………………………………… (129)
　　6.1.3　阻抗测量方法分析及比较 ……………………………………………… (132)
6.2　GMI效应测试总体系统设计 ………………………………………………… (136)

主要参考文献 ………………………………………………………………………… (142)
附录1　一些物质的磁化率 ………………………………………………………… (148)
附录2　几种主要软磁材料的磁性能 ……………………………………………… (149)
附录3　电、磁学量单位及不同单位制中物理量数值的换算关系 ……………… (150)

第 1 章 磁学基础

磁性是自然科学史上最古老的现象,磁性材料的应用在人类文明中历史悠久,对于推动人类文明的进步有着非常重要的作用。

最早的磁性材料是天然磁石,它是一种铁的氧化物(FeO),能够被天然闪电产生的超大电流磁场磁化。远古时代,苏美尔人、希腊人、中国人和美洲人就已经十分熟悉并且开始使用天然磁石。北宋年间,工匠们发现,将红热的钢针淬火,钢针会在地球磁场作用下被磁化,从而得到最早的人工磁铁。在指南针传入欧洲后就开启了大航海时代,技术的进步带来电磁理论的快速发展。1820 年,丹麦科学家奥斯特(Oersted)发现通电导线可以使旁边的磁针发生偏转,很快安培(Ampere)就进一步发现通电线圈等效于一个磁铁,开始将磁现象和电现象联系在一起。1821 年,法拉第(Faraday)认为电场力和磁场力都是由一种普遍存在的场引起的,接着他发现了电磁感应,并且采用磁钢设计出了电动机的原型。法拉第随后又发现磁和光之间也存在着联系,进而发现了磁光效应。麦克斯韦(Maxwell)在前面理论和实践成果的启发下,将磁、电、光作为一个有机整体,提出了著名的 Maxwell 方程组。Maxwell 方程组的精妙之处在于其将空间中某一点的电场强度与磁场强度和空间中某一个范围内的电荷与电流密度的分布联系起来。

电磁理论的发展又进一步促进了磁性材料的研究和开发。1900 年硅钢(Si-Fe 合金)被研制出,1920 年坡莫合金被研制出,1935 年尖晶石型软磁铁体被研制出,随后人类就进入了电气化时代。铝镍钴、钐钴等高温永磁,特别是具有高磁能积、高矫顽力的钕铁硼永磁材料的研制成功,更是极大地促进了电机、风力发电、电动汽车等环境友好型新技术的发展。今天,电动机、磁性传感器、电感器、变压器、磁带、音响、硬盘和风力发电机等民用及工业器件都大量使用永磁及软磁材料。而磁光记录材料、磁致伸缩材料、磁电阻材料、磁热效应材料和磁性液体等具有多种功能的磁性材料的应用领域也正在不断扩大,这极大地促进了我们的生产力和生活水平的提高。

本章主要阐述磁学和材料磁性的基础理论和基本概念,主要包括磁的基本概念、磁各向异性和磁致伸缩、磁畴理论、材料的磁化、物质的磁性和磁性材料分类。

1.1 磁的基本概念

1.1.1 磁的基本现象

自然界中有一类物质,如铁、镍和钴,在一定的情况下能相互吸引,我们称它们具有磁性,使它们具有磁性的过程称为磁化,能够被磁化或能被磁性物质吸引的物质叫作磁性物质。

保持磁性的物体称为永久磁铁。磁铁两端磁性最强的区域称为磁极。将棒状磁铁悬挂起来,磁铁的一端会指向南方,另一端则指向北方。指向南方的一端叫作南极 S,指向北方的叫作北极 N。如果将一个磁铁一分为二,则生成两个各自具有南极和北极的新磁铁。南极或北极不能单独存在。

如果将两个磁极靠近,它们之间会产生作用力——同性相斥和异性相吸。这种作用力是通过磁极周围的空间传递的,这里存在着具有磁力作用的特殊物质,我们称之为磁场。磁场与物体的万有引力场、电荷的电场一样,都具有一定的能量,但磁场具有其独特的特性:①磁场对载流导体或运动电荷表现作用力;②载流导体在磁场中运动时要做功。

为形象化描述磁场,我们把小磁针放在磁铁附近,在磁力的作用下,小磁针排列成如图 1.1(a)所示的形状。从磁铁的 N 极到 S 极,小磁针排成一条光滑的曲线,此曲线被称为磁力线[图 1.1(b)]或磁感应线,或磁通线。我们把 N 极指向 S 极方向定义为磁力线方向。磁力线在磁铁的外部和内部都是连续的,是一个闭合曲线。曲线上每一点的切线方向即代表该点的磁场方向。在磁铁内部,磁力线从 S 极指向 N 极。以下我们用磁力线的方向代表磁场的方向,磁力线的多少则代表磁场的强弱,如在磁极附近,磁力线密集,就表示这里磁场很强,而在两个磁极的中心面附近磁力线很稀疏,表示这里磁场很弱[图 1.1(c)]。但是,应当注意,磁场中并不真正存在这些实际的线条,也没有任何物理量在这些线条中流动,它们只是我们在概念上形象地说明磁现象的工具。

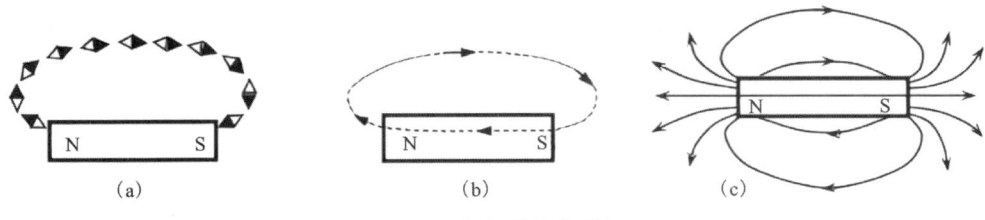

图 1.1　永久磁铁的磁场

1.1.2　磁的基本参数和磁学基本定律

磁场可用以下几个物理量来表示,这些物理量所涉及的磁学单位制因历史原因,主要分为国际单位制(简称为 SI 单位制)和高斯单位制(即 CGSM/E 单位制)。本节将就这两者间的转换关系进行阐述。

1. 磁通(Φ)

垂直通过一个截面的磁力线总量称为该截面的磁通量,简称磁通,用 Φ 表示。通常磁场方向和大小在一个截面上并不一定相同,则通过该截面积的磁通用面积积分求得

$$\Phi = \int_A d\Phi = \int B\cos\partial dA \tag{1.1}$$

或

$$\Phi = \int_A B\,\mathrm{d}A \tag{1.2}$$

式中：$\mathrm{d}\Phi$ 为通过单元 $\mathrm{d}A$ 截面积的磁通；∂ 为截面的法线与磁场 B 的夹角。

在一般铁芯变压器和电感中，对于给定结构截面或端面积相等的气隙端面，其间的磁场 B 基本上是均匀的，则磁通可表示为

$$\Phi = BA \tag{1.3}$$

磁通是一个标量。它的单位在 SI 单位制中为韦伯，简称韦，代号为 Wb，可由 B 和 A 的单位导出

$$1(\mathrm{Wb}) = 1(\mathrm{T}) \times 1(\mathrm{m}^2) \tag{1.4}$$

在 CGSM 单位制中磁通单位为麦克斯韦，简称麦，代号为 Mx。

$$1\mathrm{Mx} = 1\mathrm{Gs} \times 1\mathrm{cm}^2 \tag{1.5}$$

磁感应强度可以表示为单位面积上的磁通，由式(1.3)可得

$$1\mathrm{Mx} = 10^{-8}\mathrm{Wb} \tag{1.6}$$

所以磁感应强度也可以称为磁通密度，磁通密度的单位特斯拉（T）也可用韦/米^2（Wb/m^2）表示。

2. 磁导率(μ)

电流产生磁场，但电流在不同的介质中产生的磁感应强度 B 是不同的。例如，在相同条件下，铁磁介质中所产生的磁感应强度比空气介质中大得多。为了表征这种特性，将不同的磁介质用一个系数 μ 来考虑，μ 称为介质磁导率，表征物质的导磁能力。在介质中，μ 越大，磁感应强度 B 就越大。

真空中的磁导率一般用 μ_0 表示。空气、铜、铝和绝缘材料等非导磁材料的磁导率和真空磁导率大致相同。而铁、镍、钴等铁磁材料及其合金的磁导率都比 μ_0 大 $10 \sim 10^5$ 倍。一般用相对磁导率 μ_r 来表示材料的磁导率，μ_r 无量纲，$\mu_r = \mu/\mu_0$。

3. 磁化强度(M)

与电极化强度(P)用来描述物体带电强弱类似，磁化强度(M)是用来描述宏观磁体磁性强弱程度的物理量。在磁体内取一个体积元 ΔV，则在这个体积元内部包含了大批的磁偶极子。这些磁偶极子具有磁偶极矩 j_{mi}，或磁矩 μ_{mi}。

定义单位体积磁体内磁偶极矩矢量和为磁极化强度，用 $\boldsymbol{J}_m$ 表示

$$\boldsymbol{J}_m = \frac{\sum_{i=1}^{n} \boldsymbol{j}_{mi}}{\Delta V} \tag{1.7}$$

定义单位体积磁体内磁偶极子具有的磁矩矢量和为磁化强度，用 $\boldsymbol{M}$ 表示，单位 A/m。

$$\boldsymbol{M} = \frac{\sum_{i=1}^{n} \boldsymbol{\mu}_{mi}}{\Delta V} \tag{1.8}$$

J_m 和 M 虽然有各自的单位和数值，却都用来描述磁体磁化的方向和强度。同样，它们之间存在如下关系：

$$J_m = \mu_0 M \tag{1.9}$$

如果这些磁偶极子磁矩的大小相等且相互平行排列，如图 1.2(a)所示，则磁化强度简化为

$$M = N\mu_m \tag{1.10}$$

式中：N 是单位体积内磁矩 μ_{mi} 的总数。

磁偶极子可以用微小电流回路来表示，这样磁体内部就被很多基本的闭合电流环充满，如图 1.2(b)所示。磁体内部相邻电流因方向相反而互相抵消，只有在表面一层上的电流未被抵消。

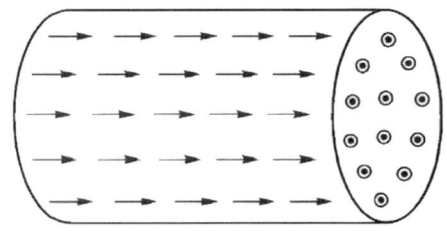 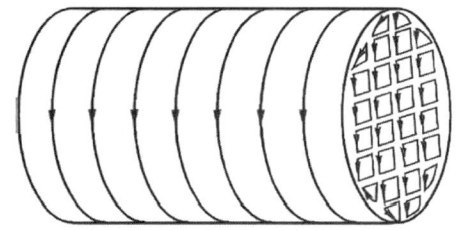

(a) 将磁化强度看成是磁偶极子的集合　　(b) 将磁化强度看成是闭合电流环的集合

图 1.2　从磁偶极子和闭合电流环两个角度理解磁化强度

4. 磁感应强度（B）

磁场的强弱，可通过电磁之间的作用力来定义。将单位长度的导线，放在均匀的磁场中，通过单位电流所受到的力的大小（$B=F/Il$）表示磁场的强弱的量为磁感应强度（B）。它是表示磁场内某点磁场的强度和方向的物理量，B 是一个矢量。力 F、电流 I 和磁感应强度 B 三者是正交关系，通常用左手定则确定：伸开左手，手指指向电流方向，拇指指向力的方向，则磁场指向手心。如果磁场中各点的强度是相同的且方向相同，则此磁场是均匀磁场。

B 的单位在 SI 单位制中是特斯拉（Tesla），简称特，代号为 T。在 CGSM 单位制中为高斯，简称高，代号为 Gs。两者的关系为 $1T=10^4 Gs$。

5. 磁场强度（H）

用磁导率表征介质对磁场的影响后，磁感应强度 B 与磁导率 μ 的比值只与产生磁场的电流有关。在任何介质中，将磁场中的某点的 B 与该点的 μ 的比值定义为该点的磁场强度，即

$$H = \frac{B}{\mu} \tag{1.11}$$

H 也是矢量，其方向与 B 相同。

相似于磁力线描述磁场，磁场强度也可用磁场强度线表示。但与磁力线不同，因为它不一定是无头无尾的连续曲线，同时在不同的介质中，因为磁导率 μ 不一样，H 在边界处发生突变。

应当指出的是,所谓某点磁场强度大小,并不代表该点磁场的强弱,代表磁场强弱的是磁感应强度 B。比较确切地说,H 应当是外加的磁化强度。引入 H 主要是为了便于磁场的分析计算。

6. 安培环路定律

安培发现在电流产生的磁场中,H 沿任意闭合曲线的积分等于此闭合曲线所包围的所有电流的代数和,即

$$\int \boldsymbol{H} \mathrm{d}l = \int H\cos\theta \mathrm{d}l = \sum I \tag{1.12}$$

式中:H 为磁场中某点 A 处的磁场强度;$\mathrm{d}l$ 为磁场中 A 点附近沿曲线微距离矢量;θ 为 H 与 $\mathrm{d}l$ 之间的夹角;$\sum I$ 为闭合曲线所包围的电流代数和。

电流方向和磁场方向的关系符合右手螺旋定则。如果闭合回线方向与电流产生的磁场方向相同,则为正,反之为负。式(1.12)称为安培环路定律,或称为全电流定律。

图 1.3(a)环路包围只有 I,所以 $\sum I = I$,如图 1.3(b)环路包围的是正的 I_1 和负的 I_2。尽管图中有 I_3 存在,但它不包含在环路之内,所以 $\sum I = I_1 - I_2$。

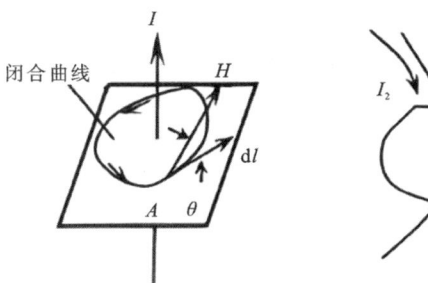

(a)环路仅包围单根电流的情况　　(b)环路包围多根不同方向电流的情况

图 1.3　安培环路定律

为说明安培定律的应用,以环形线圈为例(图 1.3)。环内的介质是均匀的,线圈匝数为 N,取磁力线方向作为闭合回线方向,沿着以 r 为半径的圆周闭合路径,应用式(1.12)的左边可得到

$$\int \boldsymbol{H} \mathrm{d}l = Hl = 2\pi r \times H \tag{1.13}$$

应用式(1.12)的右边可以得到

$$\sum I = IN \tag{1.14}$$

因此

$$H \times 2\pi r = Hl = IN \tag{1.15}$$

即

$$H = \frac{IN}{2\pi r} = \frac{IN}{l} \tag{1.16}$$

其中,r 是环的平均半径,如果环的内径与外径之比接近1,认为环内磁场是均匀的,$l = 2\pi r$ 为

磁路的平均长度。H 为半径 r 处的磁场强度。如果内径与外径相差较大，可以用下式计算平均长度：

$$l = \frac{2\pi(r_2 - r_1)}{\ln \frac{r_2}{r_1}} \tag{1.17}$$

在 SI 单位制中磁场强度的单位为安/米，代号为 A/m。在 CGSM 单位制中为奥斯特，代号为 Oe。两者之间的关系为

$$1\text{A/m} = 1 \times 10^{-2} \text{A/cm} = 0.4\pi \times 10^{-2} \text{Oe} \tag{1.18}$$

即

$$1\text{A/cm} = 0.4\pi \text{Oe} \text{ 或 } 1\text{Oe} \approx 79.8 \text{A/cm} \tag{1.19}$$

由式(1.16)可见，H 与电流大小、匝数和闭合路径有关，而与材料无关。

式(1.16)中线圈电流和匝数的乘积 IN 称为磁动势 F，即

$$F = IN \tag{1.20}$$

由此产生磁通，它的单位是安培(A)。

在引出磁场强度以后，根据式(1.11)得到

$$\mu = \frac{B}{H} \tag{1.21}$$

由此推导磁导率 μ 的单位为

$$\mu \text{ 的单位} = \frac{\text{Wb/m}^2}{\text{A/m}} = \frac{\text{V} \cdot \text{S}}{\text{A} \cdot \text{m}} = \frac{\Omega \cdot \text{S}}{\text{m}} = \text{H/m}(\text{亨/米}) \tag{1.22}$$

磁导率 μ 在 SI 单位制中是亨/米，代号为 H/m。在 CGSM 单位制中是高/奥(Gs/Oe)，与 SI 制关系为

$$1\text{H/m} = \frac{10^7}{4\pi} = \text{Gs/Oe} \tag{1.23}$$

由实验测得，真空磁导率为

$$\mu_0 = 4\pi \times 10^{-7} \text{H/m} = 0.4\pi \times 10^{-8} \text{H/cm} \tag{1.24}$$

在 CGSM 单位制中，μ_0 的单位为高/奥，数值为 1。

7. 电磁感应定律

由实验可知，如果一个条形磁铁插向线圈中(图 1.4)时，接在线圈两端的电流表指针将发生偏转；如果磁铁不动，则电流表指针不转动。如果将磁铁从线圈中取出，电流表指针与插入时呈相反方向偏转。

由此可见，当通过线圈的磁通发生变化时，不论是什么原因引起的变化，在线圈两端就会产生感应电动势，且磁通变化越快，感应电动势越大，即感应电动势的大小正比于磁通的变化率。对于 1 匝线圈，即

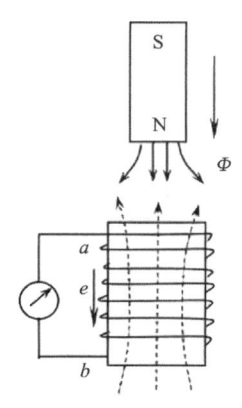

图 1.4 电磁感应

$$e = \left|\frac{\Delta \Phi}{\Delta t}\right| \tag{1.25}$$

如果是一个 N 匝线圈,每匝的磁通变化如果相同,则

$$e = N\left|\frac{\Delta \Phi}{\Delta t}\right| = \left|\frac{\Delta(N\Phi)}{\Delta t}\right| = \left|\frac{\Delta \Psi}{\Delta t}\right| \tag{1.26}$$

由式(1.26)可见,磁通单位韦伯(Wb),也就是伏秒(V·s),即单匝线圈匝链的磁通在 1s 内变化 1Wb 时,线圈端电压为 1V。因此,可以利用这个关系定义磁通单位(V·s),再由磁通单位定义磁通密度 B 的单位。

式(1.26)就是法拉第定律,但此定律只说明感应电动势与磁通变化率之间的关系,并没有说明感应电动势的方向。楞次定律阐明了变化磁通与感应电势产生的感生电流之间在方向上的关系。也就是说在电磁感应过程中,感生电流所产生的磁通总是阻止磁通的变化。即当磁通增加时,感生电流所产生的磁通与原来磁通方向相反,削弱原磁通的增长;当磁通减少时,感生电流产生的磁通与原来的磁通方向相同,阻止原磁通减小。感生电流总是试图维持原磁通不变。习惯上,规定感应电动势的正方向与感生电流产生的磁通的正方向符合右手螺旋定则,因此式(1.26)可写为

$$e = -N\frac{\Delta \Phi}{\Delta t} = -\frac{\mathrm{d}\Psi}{\mathrm{d}t} \tag{1.27}$$

这种感生电流企图保持磁场现状的特性,也表现了磁场的能量性质。因此楞次定律也称为磁场的惯性定律。法拉第定律和楞次定律总称为电磁感应定律。

8. 电磁能量关系

由实验可知,如果一个条形磁铁插向线圈中时,接在线圈两端的电流表指针将发生偏转;如果磁铁不动,则电流表指针不转动。如果将磁铁从线圈中取出,电流表指针与插入时呈相反方向偏转。

为使研究问题简化,我们参考图 1.4 所示的 N 匝环形线圈。环的外径 D 与内径 d 之比接近 1,磁路的平均长度为 $l = \pi(D+d)/2$,线圈电流在环的截面 A 内产生的磁场是均匀的。环的磁介质磁导率 μ 为常数。当电压 u 加到线圈输入端时,在线圈中产生电流,引起磁芯中磁场变化。

根据电磁感应定律有

$$u = -e = N\frac{\Delta \Phi}{\Delta t} = NA\frac{\mathrm{d}B}{\mathrm{d}t} \tag{1.28}$$

线圈中磁通增长,相应的磁化电流

$$i = \frac{Hl}{N} \tag{1.29}$$

因此,电路输入到磁场的能量 W_e 为

$$W_e = \int_0^t iu\,\mathrm{d}t = \int_0^t \frac{Hl}{N}NA\frac{\mathrm{d}B}{\mathrm{d}t}\mathrm{d}t \tag{1.30}$$

再经过时间 t,线圈中磁场达到了 B,因此式(1.30)可改写为

$$W_e = \int_0^B AlH\,\mathrm{d}B = V\int_0^B H\,\mathrm{d}B \tag{1.31}$$

式中：$V=Al$ 为磁场的体积。

式(1.31)左边是电源提供给磁场的能量 W_e，右边是磁场存储的能量 W_m。因 μ 为常数，即 $B=\mu H$，则存储在磁场中的能量为

$$W_m = V\int_0^B \frac{B}{\mu}\mathrm{d}B = V\frac{B^2}{2\mu} = \frac{BH}{2}V = \frac{\mu V H^2}{2} \tag{1.32}$$

由式(1.32)可见，在磁导率为常数的磁场中，单位体积磁场能量是磁场强度 H 与磁感应强度 B 乘积的 1/2。

1.2 磁各向异性和磁致伸缩

1.2.1 磁各向异性基本概念

将磁性材料沿着不同方向磁化时，材料的磁化率或者磁化曲线会随磁化方向的改变而改变。物质磁性随方向改变的现象称为磁各向异性。材料的磁各向异性主要有以下几个方面：与材料的晶体各向异性相关的磁晶各向异性，由外界应力、磁场等因素感生出来的感生各向异性，与材料形状各向异性相关的退磁场各向异性，与材料磁致伸缩相关的磁弹性各向异性。

对于无限大单晶体来说，形状、应力、原子对等对材料的磁各向异性影响可以忽略，沿着不同的晶体方向会呈现出截然不同的磁化特性，即为磁晶各向异性。

当对磁体施加应力时，或者进行磁场处理时，或者采用特定的制备方法时，外界因素会导致磁体内产生形变各向异性、原子对有序各向异性、生长各向异性，进而产生感生各向异性。

对于具有一定形状的磁体，当材料内部的磁矩取向一致时，会在磁体表面产生自由磁极，形成退磁场，退磁因子的大小直接由磁体的形状决定。因此，在对具体形状的磁体进行技术磁化时，受退磁场影响，在不同方向呈现不同的磁化特性，即为形状各向异性。形状各向异性对于三维尺度都特别大的材料来说，表现得不是很明显。但是对于在某一个或者两个维度上尺寸很小的材料而言，如薄膜材料，往往表现出很强的形状各向异性：在相对尺寸较小的维度上，退磁场很大，材料难以被磁化；而在相对尺寸较大的维度上，退磁场较弱，材料易被磁化。

1.2.2 感生各向异性

对于各向同性的磁性材料，可以通过施加某种方向性的处理，如磁场热处理、磁场中成型或者轧制等，感生出各向异性。感生各向异性对基础研究和技术应用都具有很大的价值，如对某些软磁材料进行横向磁场热处理可以使磁导率在一定磁场范围内保持恒定；进行纵向磁场热处理则可以改善磁滞回线的矩形比；对永磁材料进行磁场热处理则可以提高剩磁和矫顽力。

在大块磁体或者磁性薄膜的制备过程中施加磁场，或者对材料进行低于居里温度的磁场热处理，可以使磁性离子或原子对出现方向有序，从而影响磁矩的取向。将磁体快速降温到

室温,新的感生方向将保持为所施加的外磁场方向,从而形成磁场感生磁各向异性,这种各向异性为单轴各向异性。图 1.5 是 50%Ni-Fe 非晶合金在磁场热处理后所测得的磁滞回线的上半部分,由图可以看出磁场热处理能够明显地诱导出各向异性:Z 回线为平行于磁场方向的磁滞回线,表现为矩形回线,具有很高的剩磁;F 回线为垂直于退火磁场方向的磁滞回线,表现为扁形回线,剩磁很低;R 回线为未加磁场退火后的磁滞回线,表现为圆弧状回线,剩磁接近于饱和磁感应强度的一半。

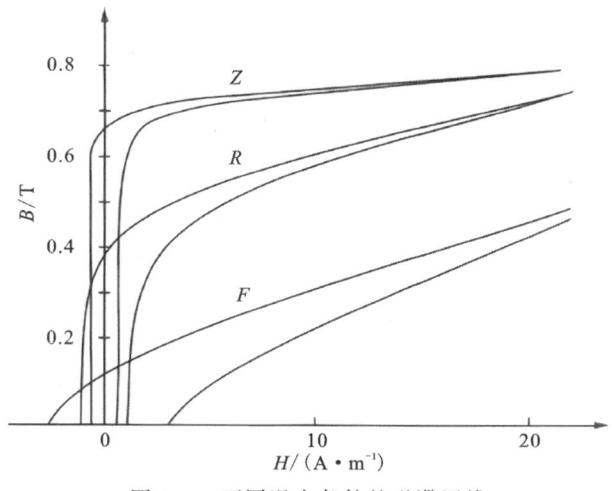

图 1.5 不同退火条件的磁滞回线

对磁体施加应力,产生的形变通过磁弹性作用使磁矩择优取向。在外延磁性薄膜中,如果基片和磁性薄膜的晶格常数存在较大差异,会引起单轴各向异性,从而诱导出单轴磁各向异性。对于某些外延和真空沉积的金属合金薄膜,在生长过程中施加某种特殊条件,使各个磁性离子沿着特定的方向有序化,从而表现出生长感生各向异性,且在磁性薄膜的特定方向形成易磁化轴,从而感生出单轴各向异性。

利用原子对有序理论可以解释磁场感生各向异性和生长感生各向异性。最初这个理论是用来解释坡莫合金经过磁场热处理而表现出磁各向异性的。坡莫合金中,原本 Fe、Ni 原子都随机地占据晶格格点,相邻的两个原子可以视为一个原子对,即 Fe-Fe、Fe-Ni、Ni-Fe,原子对的方向是随机分布的。显然,如果这些原子对的排列具有各向异性,那么磁体就会表现出磁各向异性。在外加磁场下生长磁体(真空沉积薄膜),或将磁体从高温急冷到常温,原子对有序的方向就会沿着外磁场方向并且保持下来,从而原子磁矩就会朝向外磁场的方向,形成磁体的易磁化方向。

1.2.3 交换各向异性

交换各向异性也称为交换偏置各向异性,源于铁磁(FM)/反铁磁(AFM)界面的交换作用。当包含铁磁(FM)/反铁磁(AFM)界面的体系在外磁场中从反铁磁奈尔温度以上冷却到低温后,铁磁层的磁滞回线将沿磁场方向偏离原点,同时伴随着矫顽力的增加,这一现象被称为交换偏置,其偏离场被称为交换偏置场(记为 H_E)。

交换各向异性能可表述为

$$E_{er}^{K} = -K_{er}\cos\theta \tag{1.33}$$

式中：K_{er}为交换各向异性常数；θ为各向异性轴和自发磁化强度的夹角。

由式(1.33)可以看出，θ在0°~360°范围内，只有当$\theta=0°$时，交换各向异性能才能达到极小，因此这种各向异性被称为单向各向异性。单向各向异性与单轴各向异性并不是一个概念，它们之间有很大差别。通常，单轴各向异性是指在两个相反方向上，能量取到极小值的状态。

交换各向异性的起源可用图1.6来解释。当Co-CoO体系在外磁场中冷却至CoO奈尔温度以下时，铁磁性金属Co沿着易磁化方向磁化，而反铁磁性的CoO为反铁磁性排列，在Co/CoO界面上存在着正交换作用，是CoO内侧Co原子和金属Co外侧的Co原子磁矩平行排列，如图1.6(a)所示。外磁场反向时，金属Co原子磁矩反转180°，由于界面交换作用，CoO内侧的Co原子也发生转向，但远离界面的CoO中的Co原子磁矩仍保持原来的反铁磁排列，如图1.6(b)所示。当外磁场逐渐降低并回到正向时，金属Co原子的磁矩也返回正向，CoO中的Co原子磁矩由于界面交换作用回到起始状态，如图1.6(c)所示。外磁场经过一个循环的变化，就可以得到如图1.6(d)所示的偏移磁滞回线。

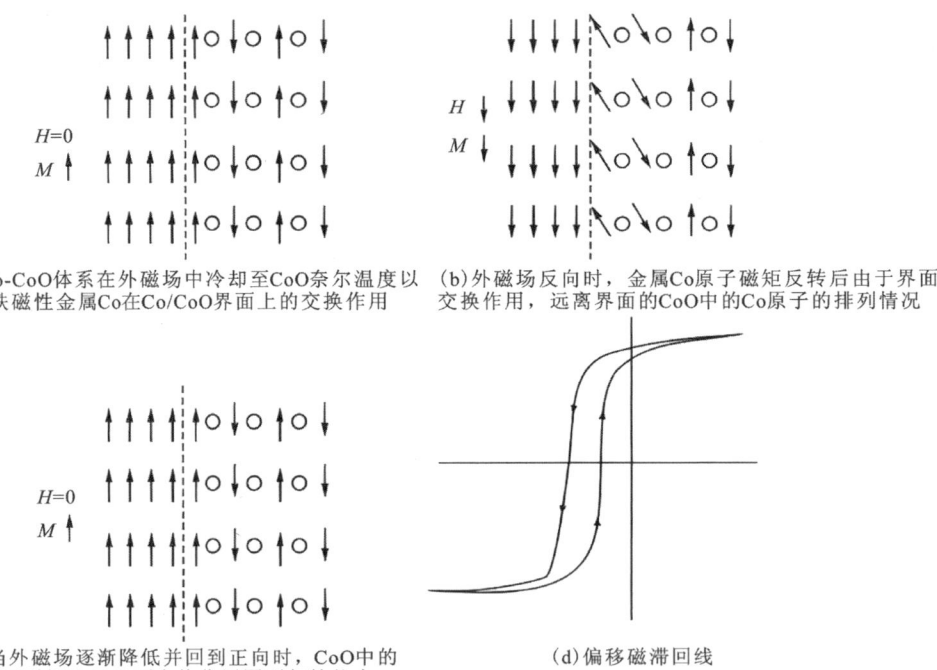

图1.6 交换各向异性示意图

1.2.4 表面和界面磁各向异性

在表面和界面处，近邻原子数的减少使得对称性降低，从而可以引起面各向异性。在表面和界面处，面法线为对称轴，单位面积的表面或者界面的磁各向异性能量E_s可表示为

$$E_s = K_s \sin^2\theta \tag{1.34}$$

式中：θ 为 M_s 与界面法线的夹角；K_s 为表面磁各向异性常数，当 $K_s>0$ 时，易磁化轴沿着法线方向，称为垂直磁各向异性；当 $K_s<0$ 时，易磁化方向在平面内。

在界面上，晶格失配或者热膨胀系数不同会引起层间应力，导致磁各向异性，其能量 E_r 密度为

$$E_r = K_\sigma \sin^2\theta \tag{1.35}$$

式(1.35)中，界面磁各向异性常数 $K_\sigma = -\dfrac{3}{2}\lambda_s\sigma$，$K_\sigma$ 是大于零还是小于零与饱和磁致伸缩系数 λ_s 以及应力 σ 的符号相关。

在薄膜中还存在由退磁场引起的形状各向异性，其能量 E_m 密度为

$$E_m = -2\pi M_s^2 \sin^2\theta \tag{1.36}$$

除此以外，还存在磁晶各向异性，其能量 E_k 密度为

$$E_k = K_c \sin^2\theta \tag{1.37}$$

式中：K_c 为磁晶各向异性常数。

薄膜总的磁各向异性能为上述几种各向异性的等效值

$$E_A = K_{eff} \sin^2\theta \tag{1.38}$$

式中：K_{eff} 为薄膜的有效磁各向异性常数

$$K_{eff} = \dfrac{2K_c}{t} + K_v - 2\pi M_s^2 \tag{1.39}$$

式(1.39)中，$K_v = K + K_c$，t 为薄膜厚度。$K_{eff}>0$ 表示易磁化方向垂直于膜面，为垂直各向异性，这对于垂直磁记录至关重要。

1.2.5 磁致伸缩效应

铁磁性材料或者亚铁磁性材料在外磁场中被磁化时，其长度和体积均发生变化，这种现象称为磁致伸缩。平行于外磁场方向尺寸的相对变化称为纵向磁致伸缩；垂直于外磁场方向尺寸的相对变化称为横向磁致伸缩。这种长度的变化是1842年由焦耳(Joule)发现的，称为焦耳效应，也称为线性磁致伸缩。磁体体积的相对变化称为体积磁致伸缩。体积磁致伸缩量很小，小到可以被忽略。另外，如果在铁磁性和亚铁磁性的棒材或者丝材上施加一个旋转场，样品就会发生扭曲，这就是广义的磁致伸缩，称为维德曼(Wiedemann)效应。

磁致伸缩效应的大小通常用磁致伸缩系数 λ 来衡量，即

$$\lambda_s = \Delta l / l \tag{1.40}$$

磁致伸缩效应的大小与外磁场强度的大小有关，一般随磁场的增加而增加，最后达到饱和。图1.7为磁性材料的饱和磁致伸缩系数与外磁场强度 H 的关系示意图。外磁场达到饱和磁化场时，纵向磁致伸缩系数为一确定值，以 λ_s 表示，称为磁性材料的饱和磁致伸缩系数。饱和磁致伸缩系数 λ_s 也是磁性材料的一个磁性参数。磁致伸缩长度的变化很小，相对变化只有百万分之一量级，属于弹性形变。

不同材料的饱和磁致伸缩系数是不同的，有的 λ_s 小于零，有的 λ_s 大于零。λ_s 大于零的称为正磁致伸缩，即在磁场方向上长度变化是伸长，在垂直于磁场方向上是缩短的，如铁的磁致伸

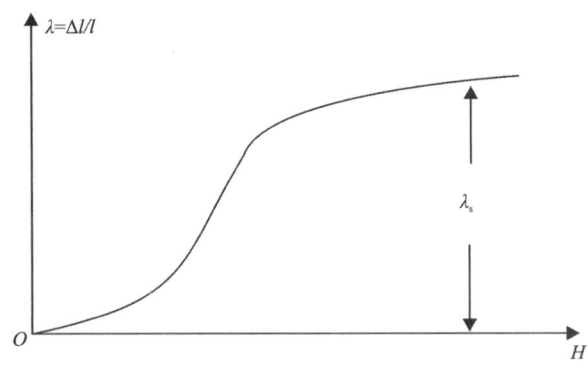

图 1.7 饱和磁致伸缩系数 λ_s 与外磁场强度 H 的关系

缩就属于这一类;λ_s 小于零的称为负磁致伸缩,即在磁场方向上长度变化是缩短的,在垂直于磁场方向上是伸长的,如镍的磁致伸缩就属于这一类。

磁体在外磁场作用下会发生磁致伸缩,引起物体几何尺寸的变化。反过来,通过对材料施加拉应力或压应力,使材料的长度发生变化,则材料内部的磁化状态亦发生变化,即所谓的压磁效应,这是磁致伸缩的逆效应。

磁致伸缩对材料的磁性能诸如磁导率、矫顽力等具有重要的影响。通过研究材料的磁致伸缩,可以了解内部各种相互作用的本质以及磁化过程与物体形变的关系。此外,磁致伸缩效应本身在实际上的应用也很重要,可以根据材料的压磁效应和磁致伸缩效应制成很多有用的器件。例如利用材料在交变磁场作用下长度的伸长和缩短,可以制成超声波发生器和接收器,力、速度、加速度传感器、延迟线以及滤波器等器件。这些应用要求材料的磁致伸缩系数要大,灵敏度要高,磁弹耦合系数要高。磁致伸缩效应在某些应用领域中也会带来有害的影响,如由于磁致伸缩的影响,软磁材料在交流磁场下发生振动,使得诸如镇流器、变压器等器件在使用时会产生噪声。因此,减少噪声的有效途径就是降低软磁材料的磁致伸缩系数,这已经成为电力电子领域中软磁材料,特别是硅钢研制中的重要课题。

1.2.6 磁弹性能

铁磁体在受到外力作用时,晶体将产生相应的应变,会在晶体内部引起磁弹性能。这里说到的外应力包括外加应力和晶体内部由于制备工艺或者材料加工和热处理等工艺过程留下来的残余内应力。

当晶体受到应力作用时,磁弹性能可以表示为

$$F_\sigma = -\frac{3}{2}\lambda_s \sigma \cos^2\theta \tag{1.41}$$

式中:θ 为应力和磁化方向之间的夹角。

根据式(1.41)可以定性地了解磁弹性能的物理意义。当 $\lambda_s > 0$ 的材料受到张应力($\sigma > 0$)的作用时,即 $\lambda_s \sigma > 0$,张应力使得磁畴中的自发磁化强度 M 的方向取平行或者反平行于应力的方向,这时 $\theta = 0°$ 或者 $180°$,磁弹性能 F_σ 具有最小值。若材料的 $\lambda_s > 0$,应力为压力($\sigma < 0$)时,即 $\lambda_s \sigma < 0$,压力使 M 取垂直于应力的方向($\theta = 90°$ 或者 $270°$)。若材料 $\lambda_s < 0$ 且应力为压力

($\sigma<0$)时,即$\lambda_s\sigma>0$,则自发磁化强度 M 应取平行或反平行于应力的方向($\theta=0°$或者180°)。若材料$\lambda_s<0$,受到应力为张力($\sigma>0$)时,即$\lambda_s\sigma<0$,张应力使 M 垂直于应力的方向($\theta=90°$或者270°)。由此可以看出磁弹性能F_σ对自发磁化矢量 M 的取向是有影响的。

根据磁弹性能表达式,可以绘出磁弹性能F_σ与角的关系分布图,如图1.8所示。如果$\lambda_s\sigma>0$,则在$\theta=0°$或者180°时,F_σ最小,因此$\theta=0°$或者180°是磁弹性能所决定的易磁化方向,M取这些方向时最稳定;如果$\lambda_s\sigma<0$,在$\theta=90°$或者270°时,F_σ最小,因此$\theta=90°$或者270°为磁弹性能所决定的易磁化方向,M取这些方向时最稳定。因此,磁弹性能有各向异性的特点,且为单轴各向异性。

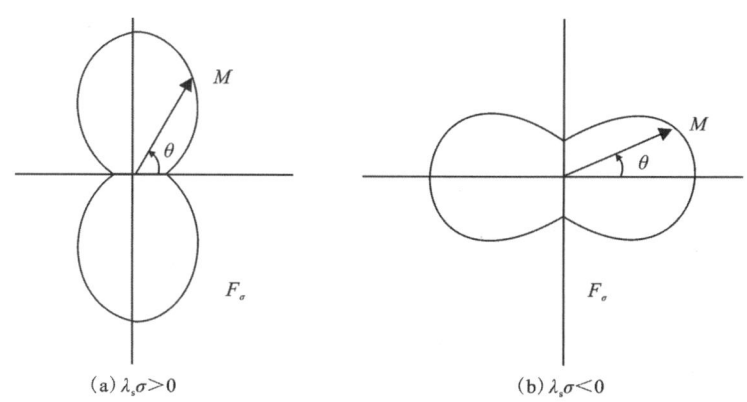

图1.8 F_σ的单轴各向异性分布

1.3 磁畴理论

1.3.1 磁畴成因

铁磁性物质内不同原子间的电子自旋存在交换相互作用,当温度低于居里温度时,近邻原子的磁矩会呈现同向取向。理论和实践都证明,在居里温度以下大块铁磁晶体中会形成磁畴结构。每个磁畴内部的自发磁化是均匀一致的,但不同磁畴之间自发磁化方向则各不相同。因此在未受外磁场作用时,各磁畴磁矩相互抵消,宏观上铁磁体并不显示磁性。

铁磁体内存在着5种相互作用的能量,即交换能(E_{ex})、磁各向异性能(E_K)、外磁场能(E_H)、退磁场能(E_d)和磁弹性能(E_σ)。根据热力学原理,稳定的磁状态一定与铁磁体内总自由能的极小的状态相对应,即

$$E = E_{ex} + E_K + E_H + E_d + E_\sigma \tag{1.42}$$

铁磁体内产生磁畴实际上是自发磁化平衡分布要满足能量最低原理的必然结果。

在没有外磁场和外应力的作用下,铁磁体内的磁状态应该由交换能、磁晶各向异性能和退磁场能共同构成的总自由能处于极小值来确定。交换能使近邻原子的自旋磁矩取向相同,造成自发磁化;磁晶各向异性能使晶体在易磁化轴方向磁化。当铁磁晶体沿易磁化轴方向磁化到饱和时,交换能和磁晶各向异性能均取最小值。也就是说,铁磁体内的交换能和磁晶各向异性能不会导致磁畴的产生。均匀的自发磁化必然在具有一定大小和形状的铁磁体表面

上出现自由磁极,进而产生退磁场。退磁场能的存在会使铁磁体内的总能量增加,导致上述自发磁化状态不再稳定。为降低表面退磁场能,铁磁体会改变自发磁化的分布状态,从而在体内出现多个自发磁化区域,这些小区域被称为磁畴。因此,退磁场能最小化是形成磁畴的主要原因。

形成磁畴以后,两个相邻磁畴之间存在着约为 10^3 原子数量级宽度的过渡层,其自发磁化强度方向由一个磁畴逐渐过渡到另一个磁畴。这种相邻磁畴之间的过渡层被称为磁畴壁或畴壁。在畴壁内,磁矩遵循能量最低原理,按照一定的规律逐渐改变方向。畴壁内各个磁向不一致,必然增加交换能和磁晶各向异性能从而导致畴壁能增加。因此,在铁磁内形成磁畴时,就不能仅考虑降低退磁场能而无限增加磁畴数量,而是要综合考虑退磁场能和畴壁能的作用,由它们共同决定的能量最小值来确定磁畴的数目。在磁畴的形成过程中,磁畴的数目和磁畴结构等应由退磁场能和畴壁能的平衡条件来决定。

1.3.2 磁畴结构及性质

磁畴壁是相邻两磁畴之间的磁矩按一定规律逐渐改变方向的过渡层。在过渡层中,相邻磁矩既不平行,又偏离了易磁化轴方向。磁矩的不平行分布增加了交换能,而与易磁化轴方向的偏离又导致磁晶各向异性能的增加,因此畴壁具有一定的畴壁能。

根据畴壁中磁矩的过渡方式,可将畴壁分为布洛赫壁和奈尔壁两种类型。大块铁磁晶体内的畴壁属于布洛赫壁。在布洛赫壁中,磁化矢量从一个磁畴内的方向过渡到相邻磁畴内的方向时,磁化始终保持平行于畴壁平面,因此在畴壁面上无自由磁极出现,这样既保证了畴壁上不会产生退磁场,又能保持畴壁能为极小值。在晶体的上下表面会出现磁极,但由于是大块晶体,表面上的磁极所产生的退磁场能比较小,对晶体内部产生的影响可以忽略不计。布洛赫壁结构如图 1.9 所示。

在极薄的磁性薄膜中,存在着一种不同于布洛赫壁的畴壁模型。在这种畴壁中,磁矩围绕薄膜平面的法线逐渐改变方向,且这一改变是平行于薄膜表面逐渐过渡的,而非像布洛赫壁那样,在畴壁平面内旋转。这种畴壁称为奈尔壁,如图 1.10 所示。由于奈尔壁的存在,其两侧表面上会出现磁极从而产生退磁场。当奈尔壁的厚度 δ 远大于薄膜的厚度 L 时,退磁场能会相对较小。布洛赫壁的畴壁能随着膜厚的减小而增加,而奈尔壁的畴壁能随着膜厚的减小而减小。

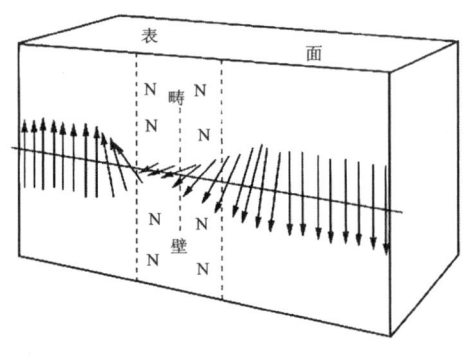

图 1.9 布洛赫壁结构

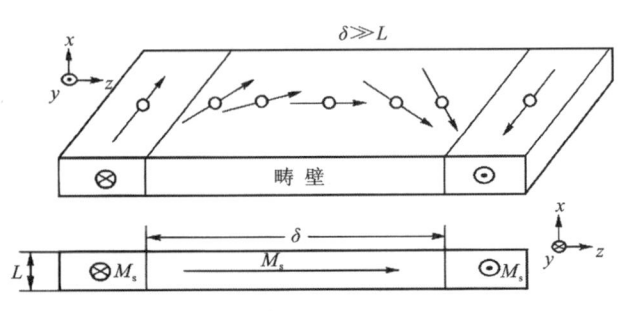

图 1.10 奈尔壁结构

在一些文献中,磁畴壁还有另外一种分类方法。根据畴壁两侧磁畴的自发磁化方向间的关系,畴壁被分为180°畴壁和90°畴壁。如果畴壁两侧磁畴的自发磁化强度方向成180°,则称为180°畴壁,理想的180°磁畴壁模型如图1.11所示;如果畴壁两侧磁畴的自发磁化强度间的夹角不是180°,而是90°、109°或71°等,则统称为90°畴壁。90°磁畴壁的两种典型结构如图1.12所示。

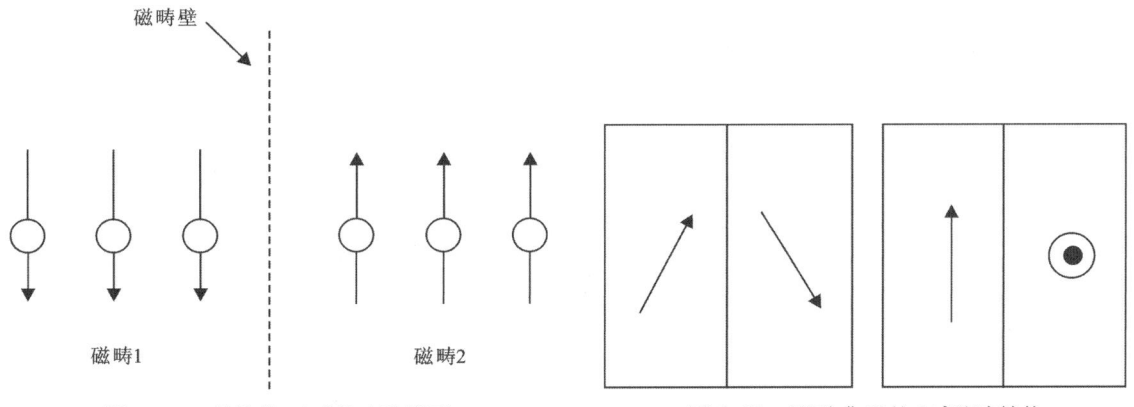

图1.11 理想的180°磁畴壁模型　　　　图1.12 两种典型的90°磁畴结构

1.3.3 磁畴观测技术

磁畴的观测方法根据其原理可以分为两类:

(1)通过显示磁畴壁的分布来观察磁畴结构,包括粉纹法、扫描探针法、洛伦兹电镜法等。在这几种方法中,单独的磁畴,不管其磁化矢量方向如何,都是难以分辨的,对磁畴的观察是通过对磁畴壁的观察来实现的。

(2)通过显示磁畴来观察磁畴结构,主要是一些光学分析方法,包括磁光克尔效应、法拉第效应、极化电子分析等。利用这些方法,可以区分具有不同磁化矢量方向的磁畴,从而显示出不同的衬度或者亮度。磁畴壁则是区分这些不同衬度区域的边界。

1. 粉纹法

粉纹法是一种古老而又简单的磁畴观察方法。观察时,将极细的Fe_3O_4颗粒加入到肥皂液或者其他分散剂中进行稀释,制备成磁性颗粒悬浮液。将一滴悬浮液滴到晶体表面上,覆上一盖玻片,使悬浮液均匀分散在待测试样表面,然后在放大150倍以上的金相显微镜下就可以观察到清晰的粉纹图案。粉纹法的原理如图1.13所示,假设有一个180°磁畴壁垂直于样品表面,畴壁中的平均磁化矢量也垂直于样品表面,此时自由磁荷会在样品表面形成梯度磁场,并且吸引悬浮液中的Fe_3O_4细颗粒,使其沿着磁畴壁边缘分布,在金相显微镜中就可以观察到这些细Fe_3O_4颗粒的分布。在明场模式下,磁畴壁两侧的磁畴将入射光垂直反射进显微镜中,形成浅色的背景;而畴壁上方的Fe_3O_4颗粒则对观察光进行散射,使磁畴壁在浅色背景中呈现为深色线条[图1.13(b)所示]。如果采用暗场模式,观察光是斜入射的,畴壁两侧的磁畴会将入射光反射出显微镜视野;而Fe_3O_4颗粒则会将观察光散射进显微镜,从而表现为在深色背景中的浅色线条,提高了衬度[图1.13(c)]。

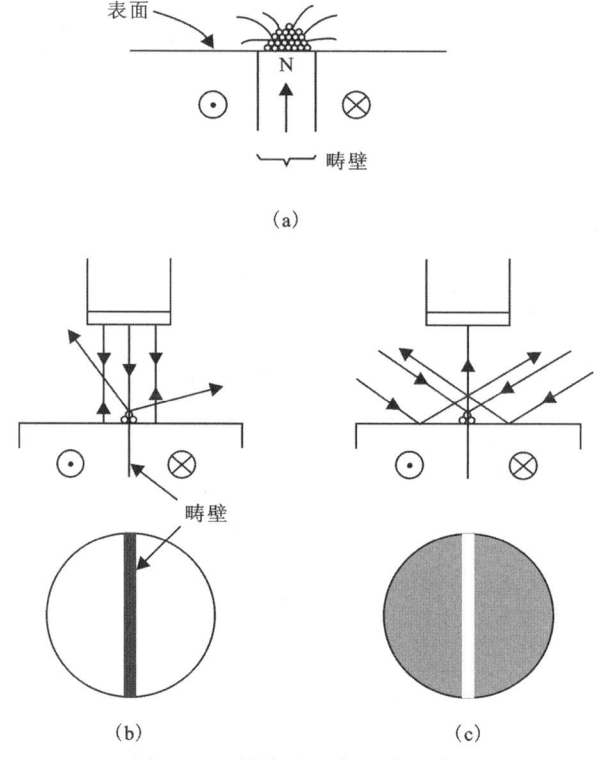

图1.13 粉纹法观察磁畴示意图

制备粉纹法样品时,首先用稀酸腐蚀金属样品表面以除去有机物等污染物,然后进行机械抛光,使样品表面接近光学平面,最后采用电解抛光去除样品表面应力层,从而获得理想的、真实的磁畴结构。如果是铁氧体样品,则在机械抛光以后还需进行回火处理以去除表面应力。

利用粉纹法还可以确定磁畴的磁化方向。在样品表面刻划极细的纹线,当刻痕和磁化矢量垂直时,刻痕处会发生磁通量泄露,从而使磁粉在此处聚集;当刻痕和磁化矢量平行时,磁通量仍然在磁畴内部,不会泄露,也就不会有磁粉的聚集。因此可以利用这种方法来判定磁化矢量的方向。

粉纹法虽然简单方便,但是也存在一些缺陷:

(1)对于磁各向异性很小的材料,磁畴壁会变得很宽,使得磁畴壁对Fe_3O_4细颗粒的吸引大大减弱,从而得不到很好的衬度;

(2)使用温度有限制,超过一定温度,Fe_3O_4颗粒热振动增加,不能得到稳定的磁畴像;

(3)由于Fe_3O_4悬浮液的分散剂会挥发,磁畴观测试验必须在很短的时间内展开,限制了观察的灵活性。

2. 磁光效应法

有两种磁光效应可以用来观察磁畴结构,分别是克尔效应和法拉第效应。克尔效应是指当平面偏振光照射到磁性物质表面而产生反射时,偏振面发生旋转的现象。旋转方向取决于磁畴中磁化矢量的方向,旋转角与磁化矢量的大小成比例,因此可以用来观察不透明磁性体的表面磁结构。法拉第效应是指当平面偏振光透过磁性物质时,偏振面发生旋转的现象。旋转的大小和方向与磁畴中磁化矢量的大小和方向有关,因此可以用来观察半透明的磁性体内部的磁畴结构。这两种方法观察磁畴时所需要的设备相似,区别在于一个检测反射光,另一个检测透射光。下文中将以克尔效应来做主要说明。

图 1.14 是磁光克尔效应观察磁畴结构的示意图。光源发出的光线经起偏器后变成平面偏振光,入射到样品上。相邻的两个磁畴具有相反的磁化矢量方向。当光束 1 和光束 2 分别入射到两个磁畴上时,由于磁畴具有相反的磁化矢量方向,它们的偏振面会产生不同方向的旋转,经过检偏器后就可以在相机或者底片上对磁畴进行成像。图 1.15 是利用磁光克尔效应方法得到的坡莫合金薄膜的磁畴结构,深色和浅色两个区域代表了磁化方向相反的两个磁畴。为了产生磁光转角,要求入射光在偏振方向上必须要有磁化矢量的分量,因此一般入射光线都是以一定角度斜入射到样品上的,这在一定程度上限制了高倍下的观测区域。由于产生的磁光转角通常比较小,相邻两个磁畴之间的衬度会很弱,因此需要采用高质量的起偏器和检偏器,并对光学系统进行精细调节。

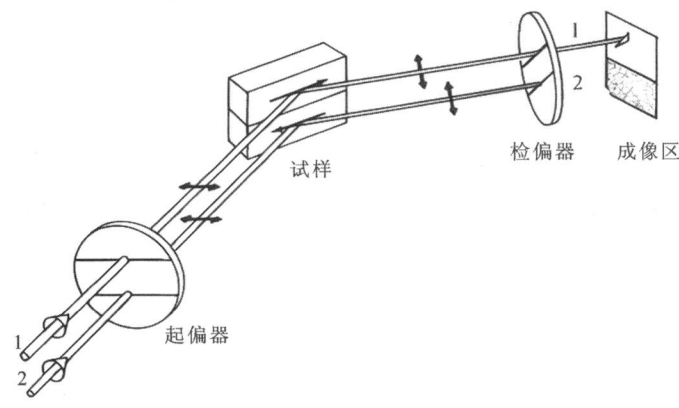

图 1.14 磁光克尔效应观察磁畴示意图

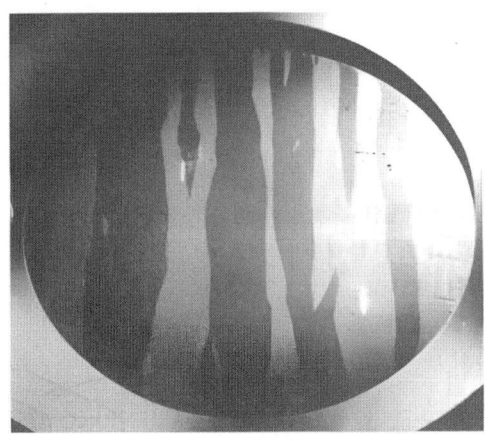

图 1.15 利用磁光克尔效应观察得到的磁畴结构

通过磁光效应来观察磁畴有以下优点：

(1) 磁光效应是一种非接触的测量方法,适用于块体、薄膜等各种形式的样品,对样品没有任何危害,并且不受温度的限制,可以在任何温度下观察样品的磁畴结构;

(2) 对于各向异性比较小、畴壁较厚、畴壁间界限不明显、粉纹不集中的材料是一种有效的观察方法;

(3) 磁光效应结合实时监测显示手段,能够观察磁畴的动态变化,研究材料的磁化以及反磁化过程,最先进的磁光克尔效应系统甚至可以对一个区域进行面扫,得到矫顽力或者磁化强度的面分布情况。

3. 磁力显微镜法

磁力显微镜(MFM)是扫描探针的一种。图 1.16 为磁力显微镜的工作原理示意图。测量时悬臂一端装着探针,另一端固定在移动机构上,可随移动机构实现空间位移。当针尖接近样品表面时,由于杂散磁场的存在,样品和针尖之间会发生相互作用。在扫描过程中,样品和针尖之间保持几十纳米的距离,相互作用力的大小有两种方法可以探测:一种是以悬臂和针尖的形变来测量磁力和磁力梯度,具体实现时,利用悬臂上反射的激光束和一个光电二极管,通过检测反射角的变化来确定;另一种是让悬臂和探针处于简谐振动模式,磁力和磁力梯度则由其振动相位和频率的改变来确定。为了提高 MFM 磁力图的分辨率,要求针尖和样品表面距离尽可能小。但是针尖和样品表面距离减小时,会使静电力、范德瓦尔斯力、毛细管力等非磁性力的影响增加,而这些力和样品的表面形貌密切相关。为了克服这个问题,一般采用 Tapping/lifting 模式,即在样品的同一个面积上进行两次扫描:第一次是接触扫描,记录表面形貌数据;第二次是非接触扫描,在第一次的轨迹上再次扫描,测出磁力数据。磁针对磁力显微镜的分辨率和灵敏度至关重要。为了提高灵敏度,应该使针尖具有足够大的磁矩,从而有效地探测磁相互作用。但是针尖磁矩过大,会导致杂散场太大,从而会影响到样品的磁结构,这对观测是不利的。理想的针尖是一个装在非磁性悬臂上的单畴颗粒(10nm)。目前普遍使用的是镀有磁性薄膜的 Si 针,磁针的磁性质可以通过改变所镀的磁性薄膜材料来控制。

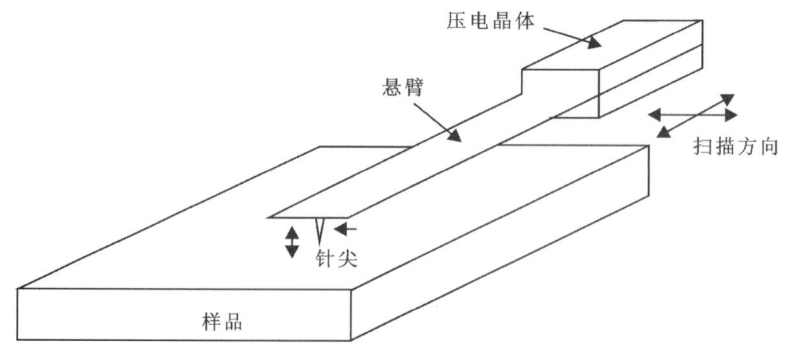

图 1.16 磁力显微镜工作原理示意图

磁力显微镜可以有效地探测样品表面的磁场,具有很高的空间分辨率,可以探测到亚微米尺寸的磁畴。它不需要特殊的样品制备,可以测量不透明和有非磁性覆盖层的样品,操作简单,可任意位置采图,相比传统方法有很大优势,但是也存在着对样品表面粗糙度要求高、磁力图解释复杂的问题。

4. 透射电子显微镜法

对于那些电子束可以透过的薄膜样品,可以用透射电子显微镜来观察其磁畴结构。由于移动的电荷在磁场中会受到洛伦兹力作用,因此当电子束穿过磁性材料时,会受到材料中磁场的洛伦兹力作用而发生偏移。偏移的方向和大小与材料局部磁化矢量有关。在磁畴壁中,由于磁化矢量在不同位置有不同的取向,在透射电子显微镜中观察的时候,磁畴壁在样品透射像中就会表现为一条线。为了使磁畴壁更加明显,经常需要适当调整焦距,选择过焦或者欠焦的状态。由于电子在磁场受到的力称为洛伦兹力,因此这种显微观测方法也称为洛伦兹显微术,如图 1.17 所示。

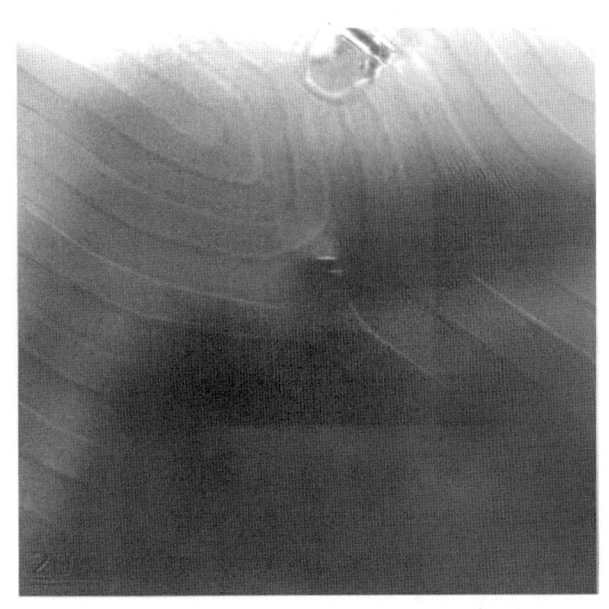

图 1.17 利用透射电镜观察得到的磁畴结构

洛伦兹显微镜具有很高的分辨率,可以观察到磁畴的精细结构,也可以直接观察到磁畴壁和晶体缺陷、晶界之间的相互作用力,特别适合于观察磁性薄膜材料和可以进行减薄的块体磁性材料。

1.4 材料的磁化

磁性材料的应用基础是基于材料的磁化强度对外磁场明显的响应特性,这种特性可以通过磁化曲线和磁滞回线来表征。通过研究材料的磁化曲线和磁滞回线,可以分析磁性材料的内禀性能。

1.4.1 磁化曲线

磁化曲线用来表示磁感应强度 B 或者磁化强度 M 与磁场强度 H 之间的非线性关系。在磁化理论中,常用 M-H 关系讨论问题,而在工程技术中,多采用 B-H 关系研究问题。

B-H 磁化曲线可以通过实验测量的方法绘出。如图 1.18 所示,在磁中性的环形材料样品上缠绕初级线圈 N_1 和次级线圈 N_2,N_1 的两端接上直流电源,N_2 的两端接上电子磁通计。当初级线圈通上电源后,会产生沿磁环轴向的磁场,从而使磁性材料样品被磁化。假设磁化强度为 M,那么样品产生的磁感应强度 $B=\mu_0(H+M)$。随着初级线圈上电流的不断增大,电子磁通计便会检测出相应的磁通大小,从而得到样品的 B-H 关系曲线。

根据 $B=\mu_0(H+M)$，可以绘出 M-H 曲线。图 1.19 给出典型铁磁性材料的 B-H 和 M-H 关系曲线。在 M-H 曲线中，H 从小变大时，M 急速增大，当 H 增大到一定值时，M 逐渐趋近于一个确定的 M_s 值，M_s 被称为饱和磁化强度；在 B-H 曲线中 H 从小变大时，刚开始 B 随 H 而急剧变化，当 H 增大到一定值后，B 却并不趋近于某一定值，而是以一定的斜率上升。可见，磁感应强度 B 是随 H 增大而不断地增大的，所谓的"饱和磁感应强度"实际上并不是真正的饱和状态。

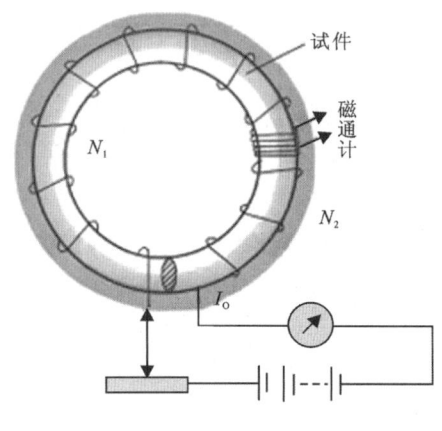 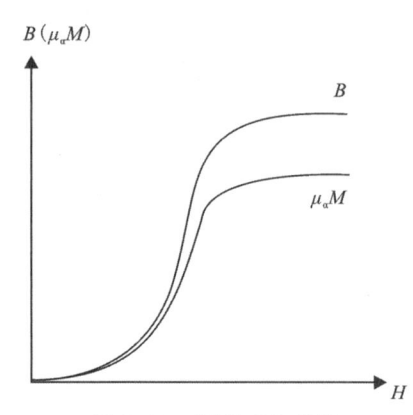

图 1.18　起始磁化曲线的测量　　　　　　图 1.19　两种磁化曲线

1.4.2　磁滞回线

材料磁化到饱和以后，逐渐减小外磁场，材料中对应的 M 或 B 值也随之减小，但是由于材料内部存在各种阻碍 M 转向的机制，M 并不沿着初始磁化曲线返回。当外磁场减小到零时，材料仍保留一定大小的磁化强度或磁感应强度，称为剩余磁化强度或剩余磁感应强度，用 M_r 或 B_r 表示，简称剩磁。若反方向增加磁场，M 或 B 继续减小。当反方向磁场达到一定数值时，若满足 $M=0$ 或 $B=0$，那么该磁场强度就称为矫顽力，分别记作 $_MH_c$ 或 $_BH_c$。它们具有不同的物理意义，$_MH_c$ 表示 $M=0$ 时的矫顽力，又称内禀矫顽力；而 $_BH_c$ 表示 $B=0$ 时的矫顽力，又称磁感矫顽力。这两种矫顽力大小不等，一般有 $|_MH_c|>|_BH_c|$。矫顽力的物理意义是表征磁性材料在磁化以后保持磁化状态的能力。它是磁性材料的一个重要参数。矫顽力不仅是考察永磁材料的重要标准之一，也是划分软磁材料、永磁材料的重要依据。

M 或 B 变为零后，进一步增大反向磁场，材料中的磁化强度或磁感应强度方向将发生反转，随着反向磁场的增大，M 或 B 在反方向逐渐达到饱和。在材料反向饱和磁化后，再重复上述步骤，M 或 B 的变化与上述过程相对称。外加磁场 H 从正的最大到负的最大再回到正的最大这个过程中，M-H 或 B-H 形成了一条闭合曲线，称为磁滞回线，如图 1.20 所示。磁滞回线是磁性材料的又一重要特征。

磁滞回线在第二象限的部分称为退磁曲线。由于退磁场的作用，在无外磁场作用下，永磁材料将工作在第二象限上，因此退磁曲线是考察永磁材料性能的重要依据。定义退磁曲线上每一点的 B 和 H 的乘积 (BH) 为磁能积，磁能积是表征永磁材料中能量大小的物理量。磁能积(BH)的最大值称为最大磁能积,用$(BH)_{max}$表示。它同$B_r(M_r)$、H_c都是表征永磁材料的重要特性参数。

综上所述,磁化曲线和磁滞回线是磁性材料的重要特征,它们之间的对应关系如图 1.21 所示。磁化曲线和磁滞回线反映了磁性材料的许多磁学特性,包括磁导率μ、饱和磁化强度M_s、剩磁$M_r(B_r)$、矫顽力H_c、最大磁能积$(BH)_{max}$等。

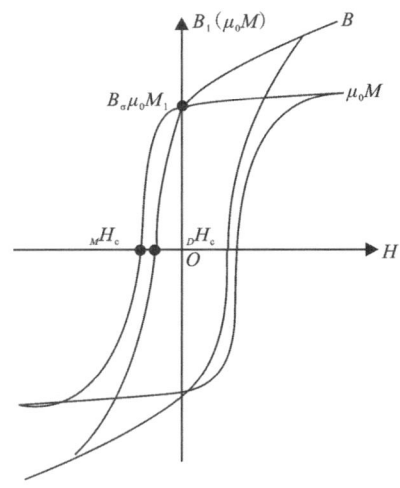

图 1.20 磁性材料的磁滞回线

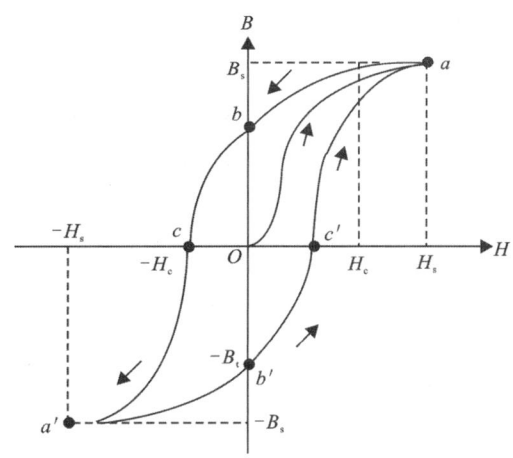

图 1.21 磁性材料的磁化曲线和磁滞回线

1.4.3 畴壁位移磁化过程

畴壁位移磁化过程分为可逆畴壁位移磁化过程和不可逆畴壁位移磁化过程。在可逆畴壁位移磁化过程中,外部磁场施加在磁体上,磁体中的畴壁开始移动。这种移动是可逆的,即当外部磁场被去除时,畴壁会返回到原来的位置,磁化状态也会恢复到初始状态。可逆畴壁位移可以通过多种机制实现,其中一种重要的机制是畴壁的弹性变形。在弹性畴壁位移中,磁体中的畴壁在外部磁场作用下发生位移,但其内部结构保持不变。当外部磁场去除时,畴壁会通过弹性回复力返回到初始位置。另一种实现可逆畴壁位移的机制是适量畴壁位移。在适量畴壁位移中,磁体中的畴壁移动是由不同磁畴之间的相互耦合导致的。在外部磁场作用下,磁体中的畴壁会沿着某一确定的方向移动,当外部磁场去除后,畴壁会返回到初始位置。

不可逆畴壁位移磁化过程与可逆过程相比,其主要特点是畴壁在外部磁场作用下移动后,无法完全恢复到初始位置。不可逆畴壁位移通常发生在高能障碍的材料中,这些障碍会限制畴壁的移动并导致畴壁的固定。在外部磁场作用下,畴壁可能会被迫跳跃过这些障碍,从而导致畴壁的结构变化,无法回复到初始状态。不可逆畴壁位移的形成与材料的晶体结构、畴壁之间的相互作用以及外部应力等因素密切相关。这种不可逆位移的存在可能会导致磁体磁化状态的永久变化,从而影响其磁性质和性能。

1.4.4 动态磁化过程

在磁场恒定的情况下,样品从一个稳定磁化状态转变到新的平衡状态。它不考虑建立新的平衡过程中的时间问题,因此可以称为静态磁化过程。在静态磁化过程中也会因不可逆磁化出现磁滞现象,其每个磁化状态都处于亚稳定状态,并且磁化状态不随时间改变。而许多磁性材料,如硅钢片、坡莫合金、Ni-Zn 铁氧体等,需要在交变磁场中使用,因此需要考虑磁化的时间问题,也就是动态磁化过程。

铁磁体在周期性变化的交变磁场中时,其磁化强度也周期性地反复变化,构成动态磁滞回线。动态磁滞回线和静态磁场中的磁滞回线有相似之处,但也存在一定的差别。在相同的磁场强度范围内,动态磁滞回线的面积比静态磁滞回线要大一些。这是因为磁滞回线的面积等于磁化一周所损耗的能量。在静态磁场下,材料内的损耗仅为磁滞损耗;而在交变磁场下,材料内除了磁滞损耗以外,还存在涡流损耗和剩余损耗等。

在频率不变的情况下,改变交变磁场的磁化强度大小对磁性材料进行磁化,可以得到一系列不同的动态磁滞回线。这些动态磁滞回线的顶点(B_m,H_m)连线称为动态磁化曲线。图 1.22 为在交变磁场下用铁磁示波器测得的铁磁体动态磁滞回线和动态磁化曲线。其中,最大的回线为动态饱和磁滞回线,B_s 和 H_s 则为饱和状态下饱和磁感应强度和相应的磁场强度,B_r 和 H_c 为剩余磁感应强度和矫顽力。动态磁滞回线的形状与交变磁场的峰值 H_m 以及频率有关。实验表明,当交变磁场强度减小或增加交变磁场频率时,动态磁滞回线的形状将逐渐趋近于椭圆。图 1.23 是厚度为 $50\mu m$ 的铝-坡莫合金片在 3 种不同频率下的动态磁滞回线。可以看出,随着频率的增大,动态磁滞回线逐渐变为椭圆形状。因此,对于通常使用的弱场高频条

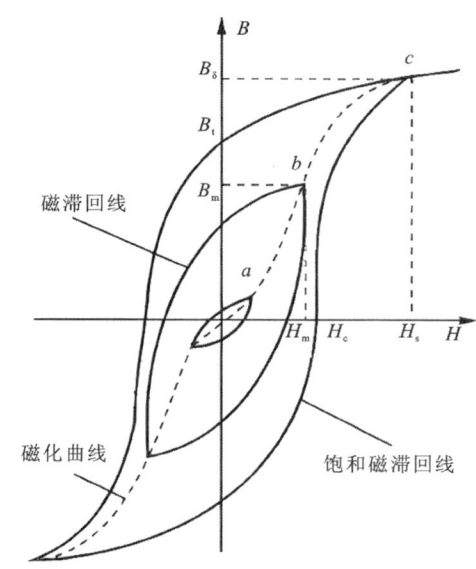

图 1.22 动态磁滞回线和动态磁化曲线

件,可以采用椭圆形状来近似地表示铁磁材料的动态磁滞回线,如图 1.24 所示。假定交变磁场 H 呈正弦周期性变化,则相应的磁感应强度 B 也呈正弦周期性变化,但在时间上 B 要落后 H 一个相位角 δ。它们的数学表达式为

$$H = H_m \sin\omega t \tag{1.43}$$
$$B = B_m \sin(\omega t - \delta) \tag{1.44}$$

上述磁化落后磁场变化的现象称为磁化的时间效应。磁化的时间效应表现为以下几种不同的现象:

(1)磁滞现象。由于不可逆磁化,在静态磁化过程中也存在磁滞现象,但磁化状态不随时间变化。交变磁场中的磁化是动态过程,有时间效应。

(2)涡流效应。在动态磁化过程中,铁磁材料内部会形成涡流。涡流的产生会抵抗磁感

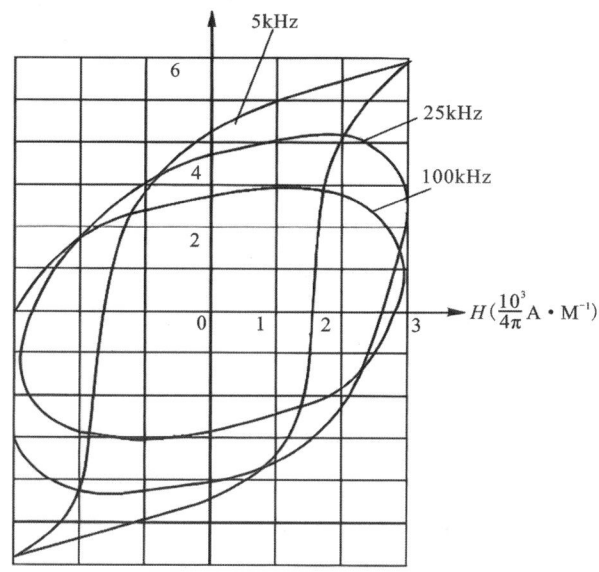

图 1.23　铝-坡莫合金的磁滞回线

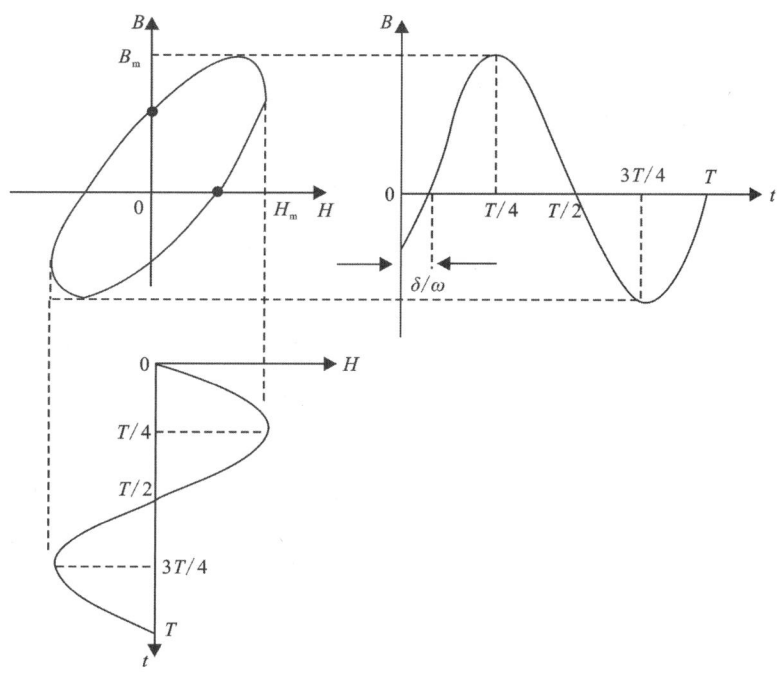

图 1.24　椭圆动态磁滞回线和铁磁体中相应 B-t、H-t 曲线

应强度的变化,从而使磁化产生时间滞后效应。

(3)磁导率的频散和吸收现象。在交变磁场中,铁磁材料内的畴壁位移或磁畴转动受到各种不同性质的阻尼作用,导致材料的复数磁导率随磁场频率变化,这一现象称为频散和吸收现象。

(4)磁后效。当外加磁场 H 发生突变时,相应的磁感应强度 B 的变化需经过一定的时间才能稳定下来。这种由于磁化过程本身或热起伏的影响，从而造成材料内部磁结构或晶体结构的变化，称为磁后效。

1.5 物质的磁性和磁性材料分类

所有的物质都具有磁性，但并不是所有的物质都能作为磁性材料来应用。有些物质具有很强的磁性，但大部分物质磁性很弱，因此只有很少一部分物质能够作为磁性材料来应用。磁性材料发展到今天，已出现一大批磁性体和磁性器件，其品种繁多，功能各异，因此有必要把物质磁性和各种磁性材料进行分类。

1.5.1 物质的磁性

按照磁体磁化时磁化率的大小和符号，可以将物质的磁性分为抗磁性、顺磁性、反铁磁性、铁磁性和亚铁磁性5个种类。

(1) 抗磁性：是指在外磁场的作用下，原子系统获得与外磁场方向反向的磁矩的现象。它是一种微弱磁性，具有这种磁性的物质被称为抗磁性物质。其磁化率 χ_d 为负值且很小，一般在 10^{-5} 数量级。抗磁性材料 χ_d 的大小与温度、磁场均无关，其磁化曲线为一条直线。抗磁性物质包括惰性气体、部分有机化合物、部分金属和非金属等。

(2) 顺磁性：一些物质在受到外磁场作用后，会感生出与外磁场同向的磁化强度，其磁化率 $\chi_p > 0$，但数值很小，仅为 $10^{-6} \sim 10^{-3}$ 数量级，这种磁性被称为顺磁性。顺磁性物质的 χ_p 与温度 T 有密切关系，服从居里-外斯定律，即

$$\chi_p = \frac{C}{T - T_p} \tag{1.45}$$

式中：C 为居里常数；T 为绝对温度；T_p 为顺磁居里温度。

顺磁性物质包括稀土金属和铁族元素的盐类等。

(3) 反铁磁性：这类物质的磁化率在某一温度（奈尔温度 T_N）存在极大值。当温度 $T > T_N$ 时，其磁化率与温度的关系与正常顺磁性物质相似，服从居里-外斯定律；当温度 $T < T_N$ 时，磁化率不是继续增大，而是降低，并逐渐趋于定值，这种磁性称为反铁磁性。反铁磁性物质包括过渡族元素的盐类及化合物等。

(4) 铁磁性：铁磁性物质在很小的磁场作用下就能被磁化到饱和，不但磁化率 $\chi_f > 0$，而且数值在 $10 \sim 10^6$ 数量级。当铁磁性物质的温度比临界温度 T_c 高时，铁磁性将转变为顺磁性，并服从居里-外斯定律，即

$$\chi_f = \frac{C}{T - T_p} \tag{1.46}$$

式中：C 是居里常数，T_p 是铁磁性物质的顺磁居里温度，并且 $T_p = T_c$。

具有铁磁性的元素不多，但具有铁磁性的合金和化合物却很多。到目前为止，发现11个纯元素晶体具有铁磁性，如铁、钴、镍等。

(5) 亚铁磁性：亚铁磁性的宏观磁性与铁磁性相同，仅仅是磁化率低一些，在 $1 \sim 10^3$ 数量

级。典型的亚铁磁性物质为铁氧体。它们与铁磁性物质的最显著区别在于内部磁结构的不同。

以上5种磁性及一些相应物质的磁化率数据见附录1。

1.5.2 磁性材料分类

从实用的观点出发，磁性材料可以分为以下几类。

1. 软磁材料

矫顽力很低，既容易受外加磁场磁化，又容易退磁的材料称为软磁材料。软磁材料的主要特征如下：

(1) 高的初始磁导率 μ_i 和最大磁导率 μ_{max}。这表示软磁材料对外磁场的灵敏度高，有利于提高功能效率。

(2) 低的矫顽力 H_c。这表明软磁材料既容易被外磁场磁化，又容易受外磁场或其他因素影响退磁，而且磁滞回线窄，降低了磁化功率和磁滞损耗。

(3) 高的饱和磁化强度 M_s 和低的剩余磁感应强度 B_r。这样可以节省资源，便于产品向轻薄短小方向发展，可迅速响应外磁场极性(N-S极)的反转。

(4) 出于节省能源、降低噪声等方面考虑，软磁材料还应具备低的铁损，高的电阻率，低的磁致伸缩系数等特征。

软磁材料主要用于制造发电机和电动机的定子和转子，变压器、电感器、电抗器、继电器和镇流器的铁芯，计算机磁芯，磁记录的磁头与磁介质，磁屏蔽，电磁铁的铁芯、极头与极靴，磁路的导磁体等。它们是电机工程、无线电、通讯、计算机、家用电器和高新技术领域的重要功能材料。软磁材料制造的设备与器件大多数是在交变磁场条件下工作的，要求其体积小、质量轻、功率大、灵敏度高、发热量小、稳定性好、寿命长。

附录2中给出了几种主要软磁材料的磁性能。

2. 永磁材料

永磁材料，又称硬磁材料，这类材料经过外加磁场磁化后，即使去掉外磁场，也能长时间保留较高剩余磁性，并能经受不太强的外加磁场和其他环境因素的干扰。因这类材料能长期保留其剩磁，故称永磁材料；又因具有较高的矫顽力，能经受不太强的外加磁场的干扰，又称硬磁材料。一般来说，对永磁材料有以下基本要求：

(1) 高的剩余磁感应强度 B_r 和高的剩余磁化强度 M_r。B_r 和 M_r 分别是永磁材料闭合磁路在经过外加磁场磁化后磁场为零时的磁感应强度和磁化强度，它们是开磁路的气隙中能得到的磁场磁感应强度的量度。

(2) 高的矫顽力 $_BH_c$ 和高的内禀矫顽力 $_MH_c$。$_BH_c$ 和 $_MH_c$ 是永磁材料保持其永磁特性能力的度量。

(3) 高的最大磁能积 $(BH)_{max}$。它是永磁材料单位体积存储和可利用的最大磁能密度的度量。

(4)从实用角度考虑,一般还要求其具有高的稳定性,即对外加干扰磁场、温度和震动等环境因素变化的稳定性。

永磁材料的应用主要是利用永磁体在气隙产生足够强的磁场,利用磁极间的相互作用,以及磁场对带电物体、离子或载电流导体的相互作用来做功,从而实现能量、信息的转换。永磁材料已经在通讯、自动化、音像、计算机、电机、仪器仪表、石油化工、磁分离、磁生物、磁医疗与健身器械、玩具等技术领域得到广泛的应用。

3. 磁记录材料

磁记录材料是磁记录技术所用的磁性材料,包括磁记录介质材料和磁记录头材料(简称磁头材料)。在磁记录(称为写入)过程中,首先将声音、图像、数字等信息转变为电信号,再通过记录磁头转变为磁信号,并保存(记录)在磁记录介质材料中。在需要取出记录在磁记录介质材料中的信息时,只要经过同磁记录过程相反的过程(称为读出过程),即通过读出磁头,将磁记录介质材料中的磁信号转变为电信号,再将电信号转变为声音(类似电话)图像(类似电视)或数字(类似计算机)。

4. 磁致伸缩材料

磁性材料由于磁化状态的改变,长度和体积都会发生微小的变化,这种现象称为磁致伸缩。具有磁致伸缩效应的材料称为磁致伸缩材料。大多数材料的磁致伸缩系数较小,与热膨胀系数相当,一直以来没有得到广泛应用。20世纪40年代至今,随着具有大磁致伸缩系数的材料和超磁致伸缩材料的开发,磁致伸缩材料逐渐进入实用阶段。具有实用价值的磁致伸缩材料通常也是软磁材料,同时还具有磁致伸缩系数大、响应快、低驱动场和高居里温度等特征。

5. 磁性液体

磁性液体是一种新型的功能材料,它既具有液体的流动性又具有固体磁性材料的磁性。它是由直径为纳米量级(10nm以下)的磁性固体颗粒基液以及界面活性剂混合而成的一种稳定的胶状液体。该流体在静态时无磁性吸引力,当外加磁场作用时就会表现出磁性。用纳米金属及合金粉末生产的磁流体性能优异,可广泛应用于各种苛刻条件下的磁性流体密封、减震、医疗器械、声音调节、光显示、磁流体选矿等领域。

6. 磁热效应材料

磁热效应材料是一种利用磁热效应达到制冷目的的特殊材料。在磁场作用下,铁磁性或亚铁磁性材料及磁有序材料的磁性物质的磁矩将会沿磁场方向排列整齐,导致磁熵减小,并使磁体的热量释放出来。若除去磁场,磁矩又将重新混乱排列,磁熵增加,吸收周围环境的热能,使环境温度下降。若采用一种合适的循环,就可以有效调控磁体所处的环境温度。

7. 自旋电子学材料

自旋电子学主要研究自旋极化电子的输运特性,在电子电荷的基础上加上自旋自由度这一全新参数,通过自旋来控制电子的诸多光电行为,是传统的通过电荷控制电子的有效互补手段。相比于传统的电子器件,自旋电子器件具有存储速度快、存储密度大、信息不易丢失、功耗少、体积小等优点,同时自旋作为量子力学的一个基本动力学参数,其固有的量子特性将会导致新的自旋电子学量子器件的诞生。

从材料角度出发,自旋电子学材料主要包括磁电阻材料、半金属材料和稀磁半导体3种。下面以磁电阻材料为例进行简单介绍。磁电阻材料是具有显著磁电阻效应的磁性材料。这种材料在受到外加磁场作用,其电阻值会发生变化。无论磁场与电流方向是平行还是垂直,都将产生磁电阻效应。前者(平行)称为纵磁场效应,后者(垂直)称为横磁场效应。一般强磁性材料的磁电阻率(即磁场引起的电阻变化与未加磁场时电阻之比)在室温下小于8%,在低温下可增加到10%以上。与利用其他磁效应的技术相比,利用磁电阻效应制成的换能器和传感器,具有装置简单和对速度、频率不敏感的特点。磁电阻材料已用于制造磁记录磁头、磁泡检测器和磁膜存储器的读出器等。

1.5.3 软磁材料性能参数

1. 有效磁导率

有效磁导率是指在一定频率和电信号下测得的磁导率,常用符号 μ 或 μ_{eff} 来表示。在金属软磁材料和软磁铁氧体中,起始磁导率和最大磁导率是常用的性能参数,而在软磁复合材料(也称磁粉芯)中,一般用有效磁导率来表征其对外界信号的灵敏性,用磁导率随频率的衰减幅度来表征其性能的稳定性。

有效磁导率一般通过测试仪器直接测得或通过公式换算得到。如果仪器测试得到的是电感值,则磁导率的计算公式为

$$\mu = \frac{2.5Ll \times 10^2}{\pi N^2 A} \tag{1.47}$$

$$A = \frac{OD - ID}{2} \cdot H_t \tag{1.48}$$

$$l = \frac{OD - ID}{\ln \dfrac{OD}{ID}} \tag{1.49}$$

式中:L 为电感值(μH);N 为测试时所绕线圈的数;A 为磁环的截面积(cm^2);l 为平均磁路长度(cm);OD 为磁芯外径(cm);ID 为磁芯内径(cm);H_t 为磁芯厚度(cm)。

软磁复合材料的有效磁导率通常较低,一般几十到几百不等,如铁硅磁粉芯的磁导率一般不超过100,而铁镍磁粉芯的磁导率则可以达到500以上。有效磁导率的大小决定了软磁复合材料适用的频率范围。一般情况下,当应用频率低于100kHz时,μ_{eff} 越高的软磁复合材料,适用功率越低,适用频率越高;当应用频率高于100kHz时,μ_{eff} 越高的软磁复合材料,适用

的频率越低,因为在这种情况下,磁导率会随频率的增加而迅速衰减。图1.25是典型的铁镍铝磁粉芯磁导率随频率的变化曲线,可以看到,磁粉芯的磁导率随频率的增加会有一定程度的下降,且磁导率越高下降越快。

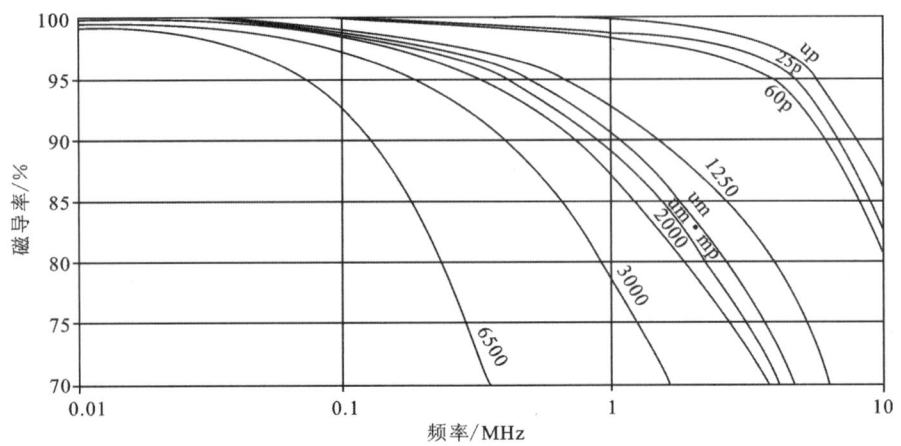

图1.25 铁镍铝磁粉芯的磁导率随频率的变化曲线

2. 矫顽力(H_c)

矫顽力是磁性材料的特性之一,是指在磁性材料已经磁化至饱和状态后,要使其磁化强度减到零所需要额外施加的磁场强度的大小。矫顽力是衡量磁性材料抵抗退磁能力的一个关键指标,其数值大小是划分磁性材料的重要指标。矫顽力一般用符号H_c表示,单位为A/m(国际标准制)或Oe(高斯单位制)。矫顽力可以用磁强计或是BH分析仪测量。软磁材料的基本性能要求是能快速地响应外磁场变化,这就要求材料具有低矫顽力值。软磁材料的矫顽力通常在

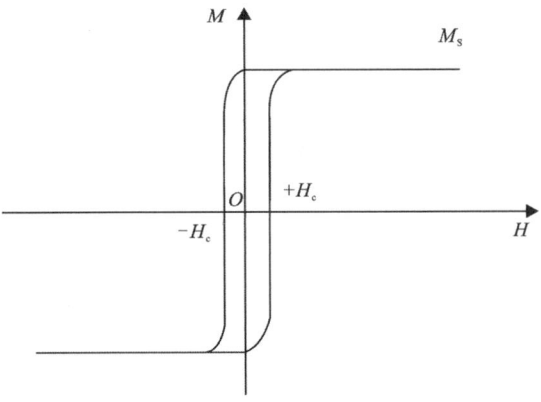

图1.26 软磁材料磁滞回线示意图

$10^{-1}\sim 10^2$数量级。图1.19为软磁材料典型的磁滞回线示意图,图中所示材料的矫顽力(H_c)很低,在低磁场时就表现出灵敏的响应。

磁性材料的磁化可以分为可逆畴壁位移、不可逆畴壁位移、可逆磁畴转动和不可逆磁畴转动4个磁化过程,不可逆的畴壁位移和不可逆磁畴转动是反磁化过程中产生磁滞现象的原因。而软磁材料的反磁化过程主要是通过畴壁位移来实现的,所以不可逆畴壁位移是产生矫顽力的主要原因。铁磁体中应力、杂质以及晶界等结构起伏变化是产生不可逆畴壁位移的根本原因。因此,去除内应力、降低杂质含量是减小矫顽力的有效途径。

第 2 章 GMI 磁传感器原理和材料研究

3. 饱和磁感应强度（B_s）

饱和磁感应强度是软磁材料的又一重要磁性参量。软磁材料通常要求其具有高的饱和磁感应强度，这样不仅可以获得高的 μ_i 值，还可以节省资源，实现磁性器件的小型化。

在软磁材料中可以通过选择适当的配方成分来提高材料的 B_s 值。例如，铁中加入钴，可以提高饱和磁感应强度，当钴含量在 20%～40% 时，B_s 可达 23 600Gs。但是，在其他软磁合金体系中，材料的 B_s 值一般不可能有很大的变动，甚至会随着合金元素的添加逐渐降低。图 1.27 给出了铁镍合金的饱和磁感应强度随镍含量的变化曲线，由于镍原子的玻尔磁子数比铁小，Ni 含量在 0～20% 之间时，

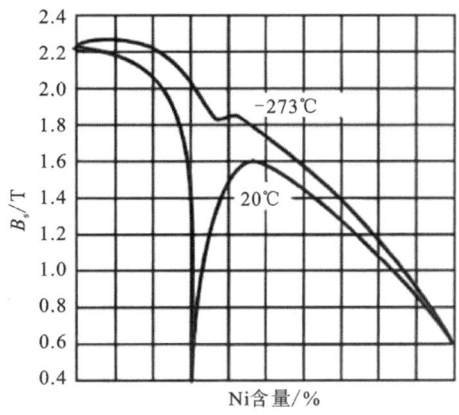

图 1.27 铁镍合金 B_s 随镍含量的变化曲线

B_s 随镍含量的增加而逐渐下降，Ni 含量在 20%～35% 范围内时，由于出现了非磁性相，B_s 发生突变而迅速下降。

4. 直流偏置特性

直流偏置是指交流电力系统中存在的直流电流或电压成分的现象。磁粉芯的直流偏置特性是指磁导率随直流叠加衰减的现象，这种特征通过叠加直流磁场后磁导率的数值和原始磁导率的比值来衡量。数值越大，说明磁粉芯的直流偏置特性越好，抵挡外界直流信号干扰的能力越强。图 1.28 为铁硅磁粉芯的直流偏置特性曲线，由图可见，低磁导率的铁硅磁粉芯直流偏置特性要优于高磁导率。不同磁粉芯之间，常用直流叠加磁场为 100Oe 时的直流偏置特性进行对比。

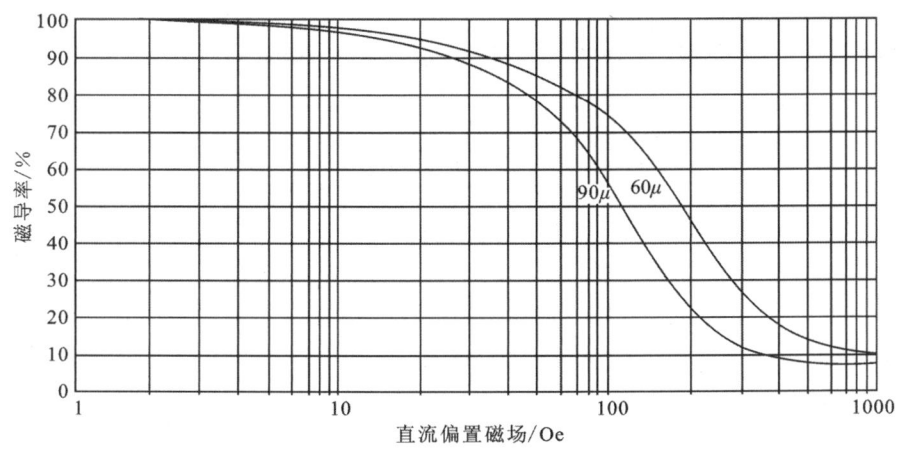

图 1.28 铁硅磁粉芯的直流偏置特性曲线

第 2 章　GMI 磁传感器原理和材料研究

2.1　GMI 效应的基本理论

2.1.1　GMI 效应定义

当对软磁材料通以较小幅值交流电流,并施加一个磁场时,软磁材料(丝材、薄膜或薄带材料)的交流阻抗值会随着外加磁场的变化而产生很大的变化,这种现象称为巨磁阻抗(GMI)效应。软磁材料的阻抗或阻抗的变化率随外磁场的变化曲线就是 GMI 曲线,典型的 GMI 曲线如图 2.1 所示。

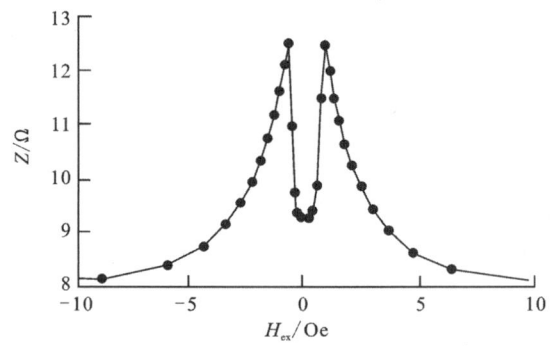

图 2.1　典型的 GMI 曲线

软磁材料(多为 Co 基或 Fe 基的非晶丝材/非晶带材/非晶薄膜等)阻抗值的变化与外加磁场的关系一般通过阻抗变化率来表示,定义形式为

$$\frac{\Delta Z}{Z}(\%) = 100\% \times \frac{Z(H)-Z(H_{\rm RV})}{Z(H_{\rm RV})} \tag{2.1}$$

式中:$Z(H)$ 为外加磁场强度为 H 时材料对应的阻抗值;$Z(H_{\rm RV})$ 为材料的参考阻抗值,一般选取外磁场为零或者外磁场饱和时的阻抗值 H_0 或 $H_{\max}$ 参考阻抗值。

在实际情况中,由于材料的剩磁和磁滞等现象的存在,在无外加磁场时,阻抗值 $Z(H_0)$ 一般不够稳定,因此采用相对稳定的磁化饱和时的阻抗值 $Z(H_{\max})$ 作为 $Z(H_{\rm RV})$ 更有利于对样品机理开展研究。

2.1.2　GMI 效应的产生机制

GMI 效应是指软铁磁材料在受到小幅的交流激励时,导体的交流阻抗大小会随着外部磁场的变化而发生巨大的变化,对外磁场的测量分辨率至少达到了 pT 级别(Uchiyama et al.,2012)。

以非晶丝结构为例,当一定频率的交流电流通过非晶丝时,导体内的涡流效应会导致流过非晶丝的电流在其截面上的分布不均匀,电流会向着非晶丝的外表面聚集,这种现象叫做趋肤效应。趋肤效应会伴随激励频率的升高而增强,导致电流通道变窄,导体中心几乎没有电流,大部分电流部分沿着导体外表面一层流过,该层的厚度称为趋肤深度 δ_m,表示为

$$\delta_m = \sqrt{\frac{2}{\omega\sigma\mu}} \tag{2.2}$$

式中:ω 为激励电流的角频率;σ 为导体的电导率;μ 为导体的有效磁导率。

电流分布的不同意味着导体的阻抗也会不同。当交流电流施加在具有圆周向各向异性的非晶丝时,如图 2.2 所示,施加在纵向上的外部磁场 H_{ext} 通过畴壁移动和磁化旋转改变了非晶丝的软磁特性,这就导致了其磁导率 μ 的变化和趋肤深度 δ_m 的变化,进而导致了非晶丝的阻抗 Z 的变化。因此,非晶丝磁导率受到外加磁场的影响,引起内部趋肤深度发生变化,导致 GMI 效应的产生。但是,趋肤效应只有在 δ_m 接近导体厚度时才能观察到阻抗的显著变化(对于非晶丝结构,导体厚度为其半径)。

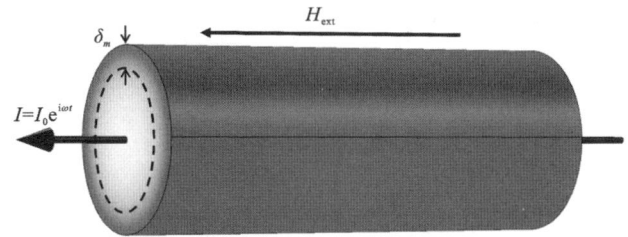

图 2.2 非晶丝横截面中电流分布的简化模型

在经典电动力学中,阻抗的定义为

$$Z = \frac{V_{ac}}{I_{ac}} = R + jX \tag{2.3}$$

式中:I_{ac} 为流过导体的交流电流;V_{ac} 为导体两端的电压;R 为电阻分量;X 为电抗分量。

值得注意的是,式(2.3)是针对均匀导体而下的定义,并不适用于非均匀的导体,对于一个长度为 l、横截面积为 q 的铁磁性导体,其阻抗可以表示为

$$Z = \frac{V_{ac}}{I_{ac}} = \frac{l E_Z(S)}{q \langle j_Z \rangle_q} = R_{dc} \frac{j_Z(S)}{\langle j_Z \rangle_q} \tag{2.4}$$

式中:E_Z 为纵向电场;j_Z 为纵向电流密度;R_{dc} 为直流电阻;S 为导体表面;$\langle j_Z \rangle_q$ 为横截面 q 上的平均值。

若采用张量的形式,阻抗 Z 可以表示为(Kraus,2003)

$$Z = R_{dc} \frac{q}{\rho l} \left(\xi_{zz} - \xi_{z\Phi} \frac{h_Z(S)}{h_\Phi(S)} \right) \tag{2.5}$$

式中:ρ 为导体的电阻率;l 表示导体的长度;h_Z 和 h_Φ 分别为导体轴向和环绕导体方向的交流磁场分量。

式(2.4)中的电流密度j_z和式(2.5)中磁场的h_z、h_ϕ可以在经典电动力学的框架下联立简化后的 Maxwell 方程[式(2.6)]和 Landau-Lifshitz 磁化矢量运动方程[式(2.7)]求解得出(Manh-Huong Phan,Hua-Xin Peng,2008)。

$$\nabla^2 \boldsymbol{H} - \frac{\mu_0}{\rho}\boldsymbol{H} = \frac{\mu}{\rho}\boldsymbol{M} - \mathrm{grad}[\mathrm{div}(\boldsymbol{M})] \qquad (2.6)$$

$$\frac{\mathrm{d}\boldsymbol{M}}{\mathrm{d}t} = -\gamma \boldsymbol{M} \times \boldsymbol{H}_{\mathrm{eff}} + \frac{\alpha}{M_s}\boldsymbol{M} \times \frac{\mathrm{d}\boldsymbol{M}}{\mathrm{d}t} \qquad (2.7)$$

式中:γ 表示旋磁比;$\boldsymbol{H}_{\mathrm{eff}}$ 为有效磁场;α 为阻尼系数;M_s 为饱和磁化强度。

由于求解以上两个方程十分困难,所以人们经常利用磁感应强度和磁场强度之间的关系 $\boldsymbol{B} = \mu \boldsymbol{H}$ 来求解 Maxwell 方程,而忽略 Landau-Lifshitz 磁化矢量运动方程。通过这种方法可求得圆柱形和平面形磁导体的阻抗分别为

$$Z_{\text{圆柱}} = R_{\mathrm{dc}} \frac{kt J_0(kt)}{2 J_1(kt)} \qquad (2.8)$$

$$Z_{\text{平面}} = R_{\mathrm{dc}} \cdot jka \cdot \coth(jka) \qquad (2.9)$$

式中:R_{dc} 为直流电阻;J_0 和 J_1 为第一类贝塞尔函数;t 为圆柱磁导体的半径;a 为平面磁导体厚度的一半;$k = \frac{1+i}{\delta_{\mathrm{m}}}$,$\delta_{\mathrm{m}}$ 为导体的趋肤深度(高频电流通过导体时由于趋肤效应,电流并不均匀地分布在导体内,而是集中在导体表面,电流集中部分的厚度称为趋肤深度),计算公式为

$$\delta_{\mathrm{m}} = \frac{c}{\sqrt{4\pi^2 f\sigma\mu}} \qquad (2.10)$$

其中,c 为光速;f 为流过导体电流的频率;σ 为电导率;对于圆柱形导体 μ 为圆周磁导率 μ_ϕ,而平面导体中 μ 为横向磁导率 μ_T。

根据式(2.8)~式(2.10),GMI 效应可以被理解为由于外加磁场 H 发生改变,继而导致磁导体圆周磁导率 μ_ϕ 或横向磁导率 μ_T 的值发生变化,从而改变导体的趋肤深度 δ_m,趋肤深度的改变也就直接影响了导体阻抗的变化。

2.2 GMI 效应的常见机理解释

GMI 效应常见的理论模型有准静态模型、磁畴模型和电磁学模型。下面简单介绍 3 种常见的理论计算模型(陈磊,2011),具体推导过程见第 3 章。

1. 准静态模型

准静态模型假设流过样品中的交流电频率非常小,样品中所有磁矩都保持平衡状态(Machado and Rezende,1996)。利用这种假设可以求得频率近似为零时的有效磁导率,将其带入阻抗计算公式中即可进行阻抗计算。通常,准静态模型能够描述较低频率下 GMI 效应的基本特性,但是不能准确描述中频段和高频段的 GMI 特性,究其原因是该模型所假设的前提条件受到了频率变化的限制。

2. 磁畴模型

磁畴模型是较为严格地处理 GMI 效应的理论模型,是由 Chen 等(1997,1999)提出,用以解释 GMI 曲线中的单峰、双峰效应以及非晶丝材中的试验结果。虽然阻抗的理论计算结果与试验结果比较一致,但是在计算圆周磁导率时,理论值与实验值出现了较大偏差。为了解决这个问题,Betancourt 等(2003)建立修正的磁畴模型,利用复数形式的电感代替阻抗进行计算,并建立磁导率和电感之间的关系方程。然而,磁畴模型不能很好地解释非晶软磁材料磁导率变化曲线的弛豫色散现象。一般来说,在频率小于 10MHz 范围内,磁畴模型能够对 GMI 效应的基本特性进行解释和描述,但是当频率继续升高时,模型就变得不再准确(Panina et al.,1995)。在这种情况下,高频下的电磁学模型开始发挥作用。

3. 电磁学模型

在频率较高阶段(十几兆赫到几百兆赫),畴壁移动对软磁材料有效磁导率的贡献可以忽略,此时只有磁化旋转效应对 GMI 效应起产生贡献。电磁学模型在不考虑交换场效应的情况下,对 Maxwell 方程和 Landau-Lifshitz-Gilbert 磁化矢量运动方程进行了近似求解。Panina(1995)和 Chen(1998)等研究了涡旋电流对 GMI 效应中畴壁运动的阻尼作用,发现随着频率的增加,这个阻尼作用逐渐增强,磁矩转动过程对磁导率的变化占据主导地位。同时,通过对磁畴结构的观察发现,当频率高于 1MHz 时,材料中的畴壁运动完全消失了,而这正是通常研究者获得最大 GMI 效应的频率范围。Panina 等(1995)最早根据这样的前提条件对有效磁导率进行了计算。而 Kraus(1999)进一步将 Maxwell 方程组和磁化强度的运动方程相结合来计算单轴各向异性块状材料的高频磁导率,并考虑了交换能和磁矩转动阻尼作用的影响,计算取得了较为精确的结果,采用 Machado 等(1995)文献中的材料数据进行验证,其计算结果和实验结果非常吻合。

2.3 GMI 材料研究现状

适用于 GMI 效应研究的材料种类繁多,按其形状的不同主要可以分为非晶丝 GMI 材料、薄带 GMI 材料和薄膜 GMI 材料三大类。其中由于 GMI 效应最早是在非晶丝中发现的,因而非晶丝 GMI 材料已经有了成熟的应用。下面对这几种材料分别进行介绍。

2.3.1 非晶丝 GMI 材料

GMI 效应最早是于 1992 年由日本名古屋大学的 K. Mohri 等在 CoFeSiB 软磁非晶丝中发现的,在几奥斯特的磁场作用下其阻抗变化率可以高达 50%。有 GMI 效应的非晶丝材料具有良好的软磁性能,它们特殊的磁畴结构使其具有高磁导率和较低的矫顽力等特点。非晶丝在使用急速冷却的工艺制备时,表面层和中心层有不同的冷却速率,表面层受到轴向的压缩力,而中心层会受到轴向向外的力,这两种方向相反的力导致丝的表面层和中心层产生不同的磁畴结构(Yang et al.,2014),因此会形成高磁导率和低矫顽力。丝的表面具有圆周方向的各向异性,而中心部分则沿轴向磁化,形成特殊的环状磁畴,如图2.3所示。这种特殊的磁畴结构使非晶丝便于弯折成螺旋结构,从而提高探头的灵敏度。非晶丝材料的GMI效应特性不仅与材料自身磁致伸缩系数等特性有关,还与材料进行退火处理的方法、温度和激励电流的频率等因素有关。这是由于采用不同的退火方式,会引发材料不同的特殊磁各向异性,进而提高材料的GMI效应。但退火后材料较脆,易折断,不适合集成加工。刘景顺等(2013)研究了复合式电流调制处理对熔体抽拉的非晶微丝GMI效应的影响规律和作用机理,建立了理论模型,提出对非晶微丝端部电镀后再进行连接的方法以提高材料GMI输出信号的稳定性并进行了实验验证。现在非晶微丝已逐步取代传统非晶丝材,成为主流的研究对象。

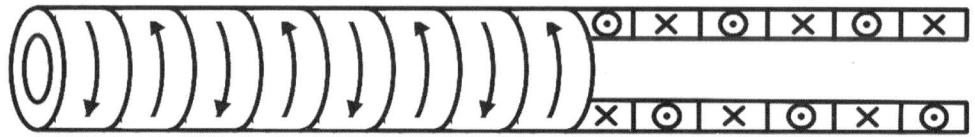

图2.3 非晶丝材的磁畴结构(Panina,2002)

2.3.2 薄带GMI材料

薄带GMI材料的厚度一般为十几微米到几十微米。常研究的薄带材料主要有钴基薄带材料(CoFeNiBSi、CoFeSiB)和铁基薄带材料(FeCuNbSiB、FeCuNbSiAlB、FeZrBCu)。早在1996年,Machado和Rezende就开始研究软磁非晶带中的GMI效应,发现非晶薄带相对于非晶丝材具有更高的饱和磁化强度和铁磁居里温度。Chen等(1998)制备出了具有优异软磁性能的FeSiCuNbB铁基薄带材料,商业上将其命名为"FIMENT",虽然FIMENT铁基薄带的磁导率不及钴基薄带材料,但其成本低,稳定性更强,具有较好的商业应用前景。在仿真计算方面,Machado等(1995)基于趋肤效应和磁畴运动提出了一种理论模型对薄带材料中GMI效应的峰值和频率影响进行研究。他们假定相邻磁畴的方向相反,在外部磁场和内部交变电流产生的感应交流磁场的作用下磁畴发生运动,然后根据磁畴的运动计算有效磁化率与频率之间的关系。鲍丙豪等(2006)通过建立具有平面近横向各向异性场的非晶态合金薄带的磁畴结构模型,利用线性化Maxwell方程组及Landau-Lifshitz-Gilbert(LLG)方程,推导出有效磁导率与外磁场的理论关系。这一理论关系可将Panina(1995)及Kraus(1999)给出的理论结果统一起来,得出了在较小磁场范围内与实验结果较为符合的磁电阻抗效应理论。

薄带常用的制备方法是单辊快淬法,这种方法制备出的样品具有非晶结构(Zhukova et al.,2014)。薄带的磁畴结构多为并排排列的磁畴结构,材料的切面各向异性为横向各向异性。图2.4为研究常用薄带时假设的磁畴分布,其中相邻磁畴的磁化强度呈180°对称分布。这种横向磁畴结构有利于GMI效应的产生,并且可以通过在横向磁场下退火提高GMI效应。

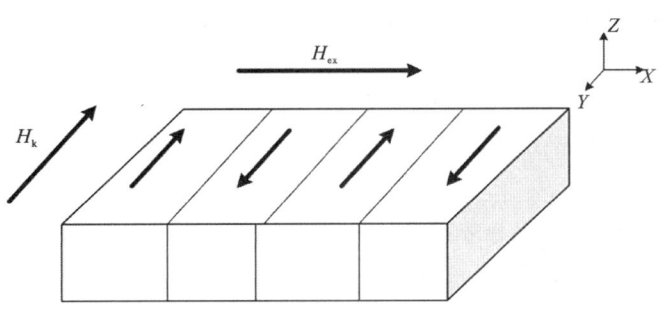

图 2.4　薄带的横向磁畴结构(Buznikov et al.,2005)

2.3.3　薄膜 GMI 材料

具有 GMI 效应的薄膜材料的厚度一般不超过几微米,制备的方法一般采用磁控溅射法。薄膜材料由于厚度太薄导致其阻抗变化率相较于丝材和带材在相同频率时较低,但在高频时又能表现出较好的 GMI 特性(Dong et al.,2002)。经过适当的退火处理后,在溅射制备过程中存在的内应力被释放,薄膜的软磁特性会明显得到改善,也能表现出较好的 GMI 特性。复合结构多层膜材料比单层膜具有更好的 GMI 特性,且取得最优 GMI 效应的频率也更低(Barandiaran et al.,1999),因而复合结构的多层薄膜材料是目前 GMI 效应材料研究的热点。各研究团队最早主要研究单层 CoFeB、FeNi、FeCuNbSiB 薄膜,在不考虑各向异性与易轴取向不同时,单层薄膜磁畴结构与非晶薄带的横向磁畴结构大致相同,如图 2.5 所示。

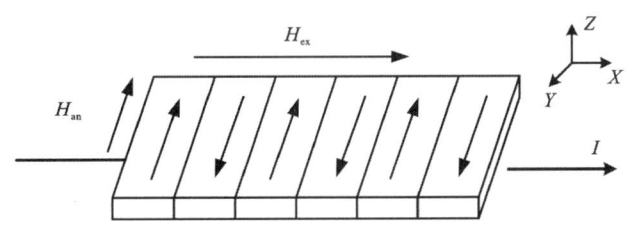

图 2.5　单层薄膜的理想磁畴结构

一般来说,薄膜材料的厚度往往不会超过几微米,在早期针对单层结构薄膜 GMI 效应的研究发现其效果很微弱,并且所需要的驱动激励频率较高(张毅,2014),这主要是由于在低激励频率下磁性薄膜的趋肤深度要大于其总厚度。其中趋肤深度 δ_m 定义为

$$\delta_m = \sqrt{2\rho/\omega\mu}$$

式中:ρ 为电阻率,$\rho=1/\sigma$;ω 为激励圆频率;μ 为有效交流磁导率。

对于磁性薄膜来说,其趋肤深度会受到材料磁导率的影响,而磁导率会受到外磁场和激励频率的共同影响。因此,受趋肤深度影响的薄膜阻抗可以通过改变样品的几何尺寸、软磁性能、薄膜材质等来调整。当趋肤深度与磁性薄膜总厚度差不多时,趋肤深度的影响会变得很显著,此时就能获得较为显著的 GMI 效应。但如果降低薄膜厚度至纳米级别,获取显著趋肤效应所需要使用的激励频率往往需要达到吉赫以上。在过高的频率下,材料的磁导率受到外加磁场的影响十分有限,导致 GMI 效应减弱,不利于 GMI 传感器性能的提升(Melo et al.,

2008）。为了在低厚度下获得显著的 GMI 效应,三明治薄膜和多层复合薄膜等多层薄膜被提出（Gromov et al.,1998;Gromov et al.,1999;Sukstanskii et al.,2001）。其中,三明治薄膜采用磁性层包裹导电层的方式,高频电流主要从中间优良的导电金属层通过,并通过磁性层的电磁感应去影响整体结构的阻抗,进而获得较大的 GMI 效应（Makhnovskiy et al.,2000;Panina et al.,2001;Kozlov et al.,2020）。多层复合薄膜则是在三明治结构的基础上,在磁性层中加入很薄的非磁性隔离层,避免在软磁薄膜制备过程中产生的面外磁各向异性场,该方法有效地改善了磁性层的软磁性能,进一步提升整体结构的 GMI 效应（Kurlyandskaya et al.,2010;Kurlyandskaya et al.,2012）。此外,基于平面设计的水平曲折型薄膜有效利用了平面线圈的特性,在外加磁场影响软磁材料的软磁特性时,对薄膜整体的阻抗也产生非常大的影响,有效提升了薄膜的 GMI 效应。同时,水平曲折型薄膜还能和多层结构相结合,进一步提升薄膜的 GMI 效应（Wang et al.,2020;Jiang et al.,2021）。

第3章　GMI效应理论模型推导与仿真

由于准静态模型描述的是较低频率下GMI效应的基本特性,无法准确描述中频段和高频段的GMI特性,而本书主要对中高频段的GMI特性进行研究,因此在本章中只对磁畴模型和电磁学模型进行推导,暂不推导准静态模型,并对不同结构的GMI传感器探头模型进行了仿真,得到理论模型,为后续GMI传感器的探头设计提供理论支撑。

3.1　磁畴模型——以GMI效应理论模型为例

在巨磁阻抗效应理论模型中,非晶态合金或其他铁磁材料的磁化过程由畴壁运动和磁化强度矢量进动两种机制控制,当驱动电流的频率较高时,畴壁运动磁化机制将不再起作用,从而导致磁化过程完全以磁化强度矢量进动为主。一般而言,样品的特征尺寸越小,其GMI效应越小,薄膜和薄带材料的厚度一般为几微米到十几微米,所以在较低的频率GMI效应并不明显,只有在驱动电流频率达到几兆赫兹以上时才会表现显著的GMI效应。因此,在研究薄膜和薄带的GMI效应时,只须考虑磁化强度矢量进动这一种磁化机制便可描述GMI效应的主要机理。

Kraus(1999)和Panina等(2000)均采用磁化强度矢量进动的模型计算了铁磁薄膜的高频巨磁阻抗效应,数值计算的结果与实验结果也相对比较符合,但其理论计算模型存在以下几个问题:①采用单畴结构,即整个样品为一个磁畴,这与实际情况不符合;②模型过于简单,没有考虑软磁材料的退磁能等;③缺乏对软磁材料结构与尺寸效应的系统研究;④没有进一步利用已经建立的模型对磁性薄膜中存在的难以用实验进行研究、会对GMI效应产生重要影响的参数进行探讨。

基于上述因素,本节采用与Kraus和Panina相似的思路,通过联立Maxwell方程组和磁化强度进动方程对薄带和单层薄膜结构的GMI效应进行理论计算,计算时采用多畴模型,并考虑了外场、各向异性场和退磁场的作用。GMI效应计算的主要思路为:首先通过Maxwell方程组求解出阻抗的表达式,然后利用多畴模型求解磁化强度进动方程对GMI效应进行理论计算。

3.1.1 磁化动力学

1. 磁化动力学理论

根据磁学理论,在存在外部磁场的情况下,外部磁场会施加在磁性材料中,迫使磁矩沿磁场方向运动,磁矩的运动改变了磁畴的状态,转变的过程通常有畴壁的位移和磁矩的转动两种。随着外部磁场的增大,磁性材料内部所有的磁畴都会沿着外磁场的方向达到饱和状态。同时,随着激励频率的升高,涡流效应逐渐增强,涡流电流阻碍了畴壁位移过程。当激励频率较高时,畴壁的位移对软磁材料的有效磁导率的贡献可以忽略,此时主要考虑磁矩的转动对材料的 GMI 效应产生主要影响。

在动态的磁化过程中,外部磁场会引起磁矩(μ)上的转矩,它表示为

$$\tau = \mu_0 \mu \times H \tag{3.1}$$

式中:μ_0 表示真空中的磁导率。

转矩导致磁矩发生进动,频率为 ω_L,该频率称为拉莫尔频率,它可以表示为

$$\omega_L = \mu_0 \gamma H \tag{3.2}$$

式中:γ 系数称为旋磁比。

此时磁化强度运动方程可以写成

$$\frac{d\boldsymbol{M}}{dt} = -\gamma \boldsymbol{M} \times \boldsymbol{H} \tag{3.3}$$

式(3.3)是著名的 Landau-Lifshitz 方程。该方程解释了均匀磁化系统的磁化动力学。磁化矢量的大小在时间上保持不变,而它在外磁场 H_{ext} 周围旋进运动,与磁场 H_{ext} 形成恒定的角度。但是事实上,这种旋进运动不会一直持续下去,由于晶格振动等造成的损失,自旋的进动最终会停止,考虑到这种现象,吉尔伯特引入了阻尼项(庞浩等,2008),完整的磁化运动方程可以写成

$$\frac{d\boldsymbol{M}}{dt} = -\gamma \boldsymbol{M} \times \boldsymbol{H} + \frac{\alpha}{M_s}\left(\boldsymbol{M} \times \frac{d\boldsymbol{M}}{dt}\right) \tag{3.4}$$

该方程为 Landau-Lifshitz-Gilbert(LLG)方程,其中 α 为 Gilbert 阻尼参数,包含着阻止磁矩进动的所有损耗,对于每一种材料来说都是唯一的参数。包含阻尼项的磁化进动系统模型如图 3.1 所示。式(3.4)中的第一项用于进动,第二项用于磁化阻尼,表示进动过程受到的制动力。该公式表达了在磁场影响下磁矩的基本运动,也为了解外加磁场对薄膜 GMI 效应的影响提供了理论基础。

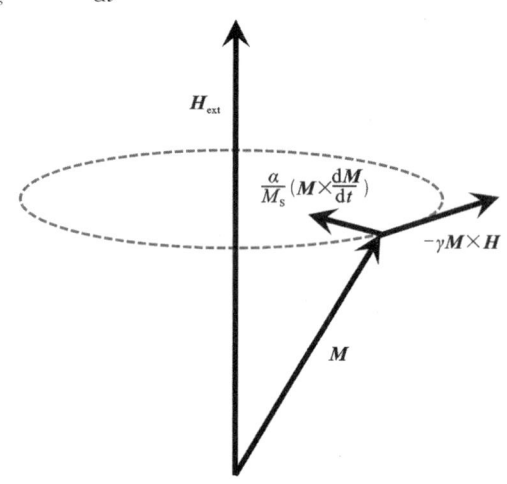

图 3.1 外磁场中的自旋进动过程

第3章　GMI效应理论模型推导与仿真

2. 磁化动力学过程

1）磁矩的阻尼进动

模型简化后，这实际上相当于磁化矢量 $\boldsymbol{M}$ 受到一个有效场 $\boldsymbol{H}_{\text{eff}}$ 的作用。这个有效场由总自由能密度 E_{tot} 对 $\boldsymbol{M}$ 的偏导决定，即

$$\boldsymbol{H}_{\text{eff}} = -\frac{1}{\mu_0}\frac{\partial E_{\text{tot}}}{\partial \boldsymbol{M}} \tag{3.5}$$

当 $\boldsymbol{M}$ 处于平衡态时，其方向稳定在 $\boldsymbol{H}_{\text{eff}}$ 的方向能量最低。当受到外力扰动时，磁矩将偏离平衡位置，其运动过程遵循 Landau-Lifshitz-Gilbert(LLG)方程（屈川等，2024），即

$$\frac{\text{d}\boldsymbol{M}}{\text{d}t} = -\gamma \boldsymbol{M} \times \boldsymbol{H}_{\text{eff}} + \frac{\partial}{M_s}\boldsymbol{M} \times \frac{\text{d}\boldsymbol{M}}{\text{d}t} \tag{3.6}$$

式中：γ 是旋磁比；$\boldsymbol{H}_{\text{eff}}$ 是磁矩受到的总有效场，它是外加磁场与材料内禀场的矢量叠加；∂ 是 Gilbert 阻尼因子；M_s 为饱和磁化强度。

经无量纲化处理后，LLG 方程演变为

$$(1+\partial^2)\frac{\text{d}\boldsymbol{m}}{\text{d}\tau} = -\boldsymbol{m} \times \boldsymbol{h}_t - \partial \boldsymbol{m} \times (\boldsymbol{m} \times \boldsymbol{h}_t) \tag{3.7}$$

式中：$\boldsymbol{m} = \dfrac{\boldsymbol{M}}{M_s}$，$\boldsymbol{h}_t = \dfrac{\boldsymbol{H}_{\text{eff}}}{M_s}$，$\tau = \gamma M_s t$ 分别表示无量纲的磁矩、有效场和时间。

从这个方程便能够很容易看出，磁矩进动主要包括两部分运动：$\boldsymbol{m} \times \boldsymbol{h}_t$ 描述了绕着总有效场方向的进动；$\alpha \boldsymbol{m} \times \boldsymbol{m} \times \boldsymbol{h}_t$ 决定了向着总有效场方向的耗散运动，α 越大，磁矩进动或翻转速度就越快。

2）铁磁共振理论

当磁矩在稳恒场 H 作用下以角频率为 ω 发生进动时，由于磁阻尼的作用，磁矩进动的角频率会逐渐减小。如果此时磁矩正处于角频率为 ω_0 的微波磁场中，当 $\omega = \omega_0$ 时，微波磁场对进动的磁矩将起到不断补充能量的作用，耦合到磁矩的能量刚好与磁矩进动受到的磁阻尼消耗的能量平衡，此时磁矩便可以维持稳定的强迫进动，即发生铁磁共振。

从量子力学的角度来分析，当具有自旋磁矩的粒子处于稳恒外磁场中时，粒子的磁矩就会和外磁场相互作用使粒子的能级产生分裂，也就是塞曼分裂。分裂后的两能级间的能量差为 $\Delta E = \gamma \hbar H$。如果此时再在稳恒磁场的垂直方向加一个频率为 ν 的交变电磁场，该电磁场的能量为 $h\nu$。当这个能量恰好与粒子分裂后两能级间的能量差相等时，$h\nu = \gamma \hbar H$，即 $2\pi\nu = \gamma H$，此时低能级上的粒子就要吸收交变电磁场的能量产生跃迁，这便是磁共振。铁磁共振是研究材料在微波场中动态行为的一个重要手段。在磁性薄膜的研究中，铁磁共振常常被用于检测其磁化强度、回旋磁比、磁交换系数以及磁动力阻尼因子等。

3. 磁化动力学模型的定义与假设

一般来说，在制备 GMI 薄膜的时候，会在软磁薄膜的沉积过程中沿薄膜的横向方向施加一个非常大的恒定磁场（通常为 100Oe 以上），以便诱导出薄膜的横向磁各向异性（康晨，2021），如图 3.2(a)所示。因此，笔者假设本模型所有软磁薄膜都具有单轴的面内磁各向异性

和横向交替均匀分布的磁畴结构,如图 3.2(b)所示。

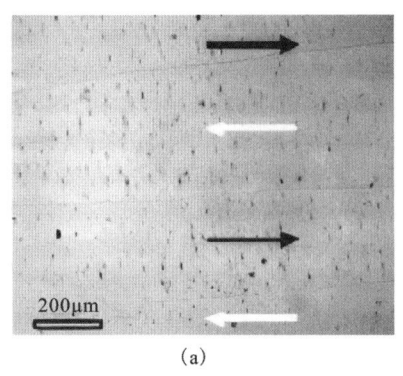
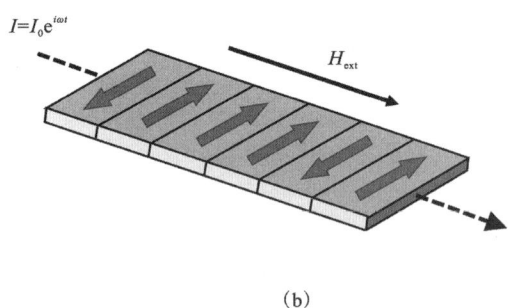

图 3.2 磁畴实物图(a)和结构示意图(b)

此外,由于磁畴结构的对称性,磁性层的磁导率仅取决于薄膜的有效横向磁导率,正如前面所介绍的,磁化的过程大概可以分为两种,一种是畴壁的移动,另一种是磁矩的转动。考虑到巨磁阻抗效应是在交流激励和直流磁场的共同作用下产生的,因此在本书中所设计的激励频率下(通常为兆赫以上),畴壁的运动过程由于受到涡流强烈的阻尼作用而被抑制,在设计磁化动力学模型时只需考虑磁矩的转动对薄膜 GMI 效应的贡献。影响磁矩转动的因素主要有 3 个,分别为外加磁场 H_{ext}、磁晶各向异性和退磁场。对于实际得到的薄膜,它们有着很大的长宽比,而且薄膜厚度一般都是微米级,材料的退磁能一般都比较小,因此忽略退磁场的作用。

3.1.2 阻抗的计算

取单层结构的样品长度为 l,宽度为 w,厚度为 d。在样品的两端加上幅值较小、频率较高的交变电流信号 $I(t)$,同时外加的直流磁场 H_{ex} 沿着样品的长度方向平行于样品的表面施加在材料上。计算的物理模型如图 3.3 所示。

软磁材料中电场和磁场满足如下 Maxwell 方程组。

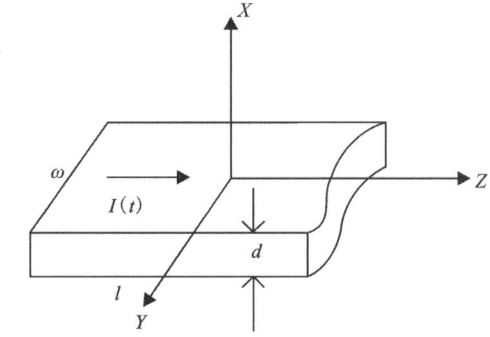

图 3.3 单层结构的模型图

$$\nabla \times \boldsymbol{H} = \boldsymbol{j} \tag{3.8}$$

$$\nabla \times \boldsymbol{E} = -\frac{\partial \boldsymbol{B}}{\partial t} \tag{3.9}$$

$$\nabla \cdot \boldsymbol{B} = 0 \tag{3.10}$$

同时磁性导体中的电流密度 $\boldsymbol{j}$ 和磁感应强度 $\boldsymbol{B}$ 分别与电场强度 $\boldsymbol{E}$ 和磁场强度 $\boldsymbol{H}$ 有如下联系。

$$\boldsymbol{j} = \sigma \boldsymbol{E} \tag{3.11}$$

$$\boldsymbol{B} = \mu \boldsymbol{H} \tag{3.12}$$

$$\boldsymbol{M} = \chi \boldsymbol{H} \tag{3.13}$$

式(3.11)~式(3.13)中,σ、μ、χ 分别是材料的电导率、磁导率和磁化率,利用以上关系可以

得到

$$\nabla \times (\nabla \times \boldsymbol{H}) = -\sigma\mu \frac{\partial \boldsymbol{H}}{\partial t} \tag{3.14}$$

假设样品内部的磁导率是均匀分布的，则有 $\nabla \cdot \boldsymbol{H} = 0$，公式(3.14)可简化为

$$\nabla^2 \boldsymbol{H} = i\omega\sigma\mu \boldsymbol{H} \tag{3.15}$$

则样品中的磁场强度和电场强度分别为

$$H_y = \frac{I_0(e^{kz} - e^{-kz})}{2w(e^{kd} - e^{-kd})} e^{i\omega t} \tag{3.16}$$

$$E_x = \frac{I_0 k(e^{kz} + e^{-kz})}{2w\sigma(e^{kd} - e^{-kd})} e^{i\omega t} \tag{3.17}$$

由能量守恒定律，若忽略样品以外的电磁场能量，只考虑内部能量消耗，有

$$I^2 Z = -\oint\!\!\int_0^S \boldsymbol{E} \times \boldsymbol{H} \cdot \mathrm{d}S = -E_x(d) \cdot H_y(d) \cdot 2wl \tag{3.18}$$

可解得带材阻抗的表达式为

$$Z = 0.5 Z_{dc} kd \coth(0.5 kd) \tag{3.19}$$

Z_{dc} 为磁性样品的直流电阻，其中

$$Z_{dc} = \frac{1}{\sigma w d} \tag{3.20}$$

$$k = \sqrt{\frac{\omega\sigma\mu}{2}}(1+i) = \frac{1+i}{\delta} \tag{3.21}$$

由阻抗的计算公式可以看出，对高频阻抗的计算和研究最终可归结为对材料高频情况下磁导率的计算。

3.1.3 磁化平衡角的计算

基于前一节的假设，软磁材料具有横向的单轴磁各向异性场，即沿着薄膜的长度方向约 180°对称均匀分布。因此可以对单个磁畴建立旋转示意图，如图 3.4 所示。图中为笛卡儿直角坐标系 (X, Y, Z) 和 (X', Y', Z')，两个坐标系 X 轴和 X' 重合，Z 轴与外加磁场和薄膜长度方向一致，Z' 轴正向为磁化强度方向。这样的定义主要是为了方便后续的公式计算。

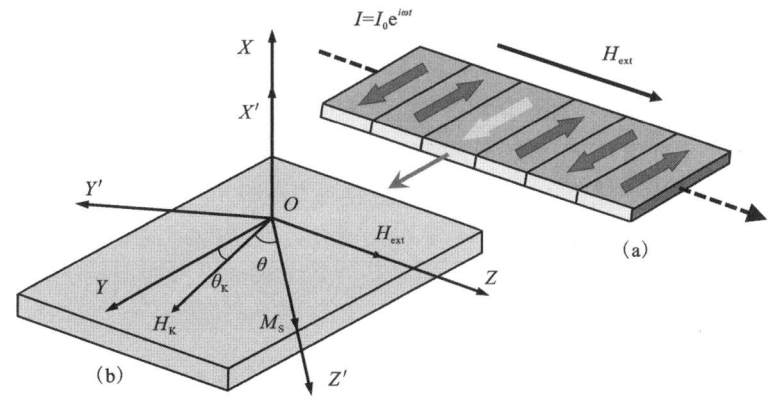

图 3.4 软磁薄膜中的一个横向磁畴结构示意图

图 3.4 中 θ_K 为磁各向异性场和 Y 轴的夹角，θ 为平衡状态时磁化强度与磁晶各向异性场之间的夹角，外磁场 H_{ext} 沿着薄膜纵向（Z 轴正方向）。考虑到磁矩会在外磁场、磁各向异性场以及驱动电流产生的交变磁场等的作用下于某个平衡位置进动。平衡位置的角度可以通过两种方法求解，一种是自由能最小化求解，另一种是通过平衡时磁力矩为零求解。通过这两种方法都可以找到磁性薄膜中磁化强度的分布情况。这里主要介绍自由能最小化求解方式。平衡位置的角度 θ 可以通过能量最小化求得，自由能包括外场能、退磁能、各向异性能。下面详细介绍这3种能量的计算。

1. 外场能

当磁性体的磁化强度相对于外磁场有不同的取向时，磁性体的磁势能不同，我们称这一磁势能为外磁场能（Amiri et al., 2014）。磁性体可以看成是许多磁偶极子的刚性集合，磁偶极子与外磁场相互作用的势能即为外场能。如果磁性体中所包含的总的磁偶极子设为 $\sum_i J_{mi}$，那么当磁性体在外磁场的作用下转动 $d\theta$ 时，磁性体由于外加磁场的作用所增加的势能的总和为

$$E_a = -H_{ex}\cos\theta \sum_i J_{mi} \tag{3.22}$$

当我们讨论材料的磁化过程以及微观结构时，通常会考虑前面提到的磁性体中存在的几种物理作用以及它们所对应的能量，这其中就包括外场能。但实际计算时一般不会考虑整个磁性体的外场能，只会考虑单位体积中的外磁能，也就是外磁能密度 E_{ex}。

由式（3.22）可知

$$E_{ex} = \frac{E_a}{V} = -H_{ex}\cos\theta \frac{\sum_i J_{mi}}{V} \tag{3.23}$$

因为

$$J_m = \frac{\sum_i J_{mi}}{V} \tag{3.24}$$

$$M = \frac{J_m}{\mu_0} \tag{3.25}$$

所以

$$E_{ex} = -\mu_0 M H_{ex}\cos\theta \tag{3.26}$$

但通常我们把外磁能密度称为外磁能。

$$E_{ext} = -\mu_0 M_s H_{ext}\sin(\theta + \theta_k) \tag{3.27}$$

式中：M_s 为软磁薄膜的饱和磁化强度。

2. 退磁能

对于有限几何尺寸的磁性体，在外磁场中被磁化后，磁体的表面将产生磁极，使磁体内部存在与磁化强度相反的一种磁场 H_d，起着减退磁化的作用，所以称为退磁场。退磁场的大小

与磁体的形状及磁极的强度有关,若磁化均匀,则退磁场也是均匀的,且与磁化强度 M 成正比,即

$$H_d = -NM \tag{3.28}$$

式中:比例系数 N 称为退磁因子。

磁性体在它自生产生的退磁场中所具有的位能即为退磁场能(Kypris,2015)。这与磁体在外磁场中具有的能量有相似之处,因此,退磁能的计算从原则上也可以采用外场能的计算方法,但退磁场是磁化强度的函数,随磁化强度的大小而变化。计算时应该考虑磁体的磁化强度由零变化到最大时磁体中退磁场能量的变化,故要用积分式来计算退磁场能量,即

$$F_d = -\int_0^M \mu_0 H_d dM = \frac{1}{2}\mu_0 NM^2 \tag{3.29}$$

式(3.29)的适用条件仍然是磁体内部均匀一致,磁化均匀。对于不同形状,或沿着其不同方向磁化时,则相应的退磁能是不同的。通常,这种由于形状不同而引起的能量各向异性的特性被称为形状各向异性。退磁场能是形状各向异性能量。

3. 各向异性能

将铁磁体的饱和磁化强度矢量取不同方向而产生的能量的改变定义为磁各向异性能。磁各向异性按照物理起源的不同可以分为交换磁各向异性、磁晶各向异性、形状磁各向异性、应力磁各向异性、感生磁各向异性 5 类。通常,交换磁各向异性由于影响比较小而仅限于物理上的研究。磁晶各向异性反映了结晶磁体的磁化过程与结晶轴之间的特性,主要是为了描述磁性单晶体的磁各向异性。考虑到本书的研究对象属于非晶类的软磁材料,所以磁晶各向异性能可以忽略。形状磁各向异性是反映沿磁体不同方向磁化与磁体几何形状有关的特性。当磁体内磁矩取向不一致时,磁体的表面就会产生磁极,从而形成退磁能。退磁能取决于磁性体的几何形状,如细长的磁体、磁性薄膜由于具有很强的形状各向异性,相应的退磁能也很强。应力磁各向异性指的是磁性体内磁化强度矢量的取向和应力的方向相关的特性。一般来说,对于具有磁致伸缩特性的磁性材料,该项的影响作用较大,而本书研究的材料属于非磁致伸缩的材料,所以应力磁各向异性也可以忽略。感生磁各向异性是指材料经过适当的工艺处理后感生出来的磁各向异性,这种磁各向异性在物理上和技术上都具有较大价值,本书所考虑的磁各向异性主要是指感生磁各向异性。

对于具有单层结构的 GMI 材料,一般采用的磁各向异性能的表达式为

$$E_k = K_u \sin^2\theta \tag{3.30}$$

式中:K_u 是感生磁各向异性常数。

通过以上各项能量的计算可以得到自由能的表达式,即

$$E_t = E_{ex} + E_k + E_d = -\mu_0 H_{ex} M_s \sin(\theta+\theta_0) + K_u \sin^2\theta + \frac{1}{2}\mu_0 N M_s^2 \sin^2\theta \tag{3.31}$$

根据能量最小化可以计算平衡角度,即

$$\frac{\partial E_t}{\partial \theta} = 2H_{ex}\cos(\theta+\theta_0) - H_k \sin2\theta - NM_s \sin2\theta = 0 \tag{3.32}$$

$$H_k\sin\theta\cos\theta = H_{ext}\cos(\theta+\theta_k) \tag{3.33}$$

式中:H_k为等效各向异性场,且$H_k = 2K_u/\mu_0 M_s$,最后通过求解方程式可以得到平衡角θ的大小。

3.1.4 磁导率和有效横向磁导率的计算

1. 磁导率的计算

平衡角度θ求出后,磁导率的计算可利用描述磁化强度进动的LLG方程进行求解。该方程为

$$\frac{d\boldsymbol{M}}{dt} = -\gamma \boldsymbol{M}\times \boldsymbol{H}_{eff} + \frac{\alpha}{M_s}\boldsymbol{M}\times\frac{d\boldsymbol{M}}{dt} \tag{3.34}$$

式中:γ为旋磁比;α为阻尼系数;M_s是饱和磁化强度;$\boldsymbol{H}_{eff}$是等效磁场,等效磁场主要包括外磁场$\boldsymbol{H}_{ex}$、退磁场$\boldsymbol{H}_d$、感生磁各向异性场$\boldsymbol{H}_k$、交变磁场$\boldsymbol{h}$。

在等效磁场的作用下磁化强度在某个平衡位置产生进动,通过求解该进动方程可得到材料的磁导率。

根据图3.3建立的坐标系,可以看出

$$\boldsymbol{H}_{eff} = \boldsymbol{H}_{ex} + \boldsymbol{H}_d + \boldsymbol{H}_k + \boldsymbol{h} \tag{3.35}$$

其中磁各向异性场可以分为静态分量$\boldsymbol{H}_{k1}$和动态分量$\boldsymbol{H}_{k2}$,由于非晶材料内的感生磁各向异性场具有单轴对称性,所以其各向异性能密度可以表示为

$$U_a = -\frac{k}{M_s^2}\cdot(\boldsymbol{n}\cdot\boldsymbol{M})^2 \tag{3.36}$$

则

$$\boldsymbol{H}_{k1} = \frac{H_k}{M_s}\boldsymbol{n}(\boldsymbol{n}\cdot\boldsymbol{M}) = H_k\cdot\cos\theta\cdot\boldsymbol{n} \tag{3.37}$$

$$\boldsymbol{H}_{k2} = \frac{H_k}{M_s}\boldsymbol{n}(\boldsymbol{n}\cdot\boldsymbol{m}) \tag{3.38}$$

式(3.37)、式(3.38)中,$\boldsymbol{n}$为图3.3中易磁化轴方向的单位矢量。

有效场可以表示为

$$\boldsymbol{H}_{eff} = \boldsymbol{H}_{ex} + \boldsymbol{H}_d + \boldsymbol{H}_{k1} + \boldsymbol{H}_{k2} + \boldsymbol{h} \tag{3.39}$$

式中:$\boldsymbol{H}_{ex} + \boldsymbol{H}_d + \boldsymbol{H}_{k1}$为静态量,$\boldsymbol{H}_{k2} + \boldsymbol{h}$为动态量。

将有效场和磁化强度写成零标稳恒分量和进动分量的组合形式,有

$$\boldsymbol{H}_{eff} = \boldsymbol{H}_{eff0} + \boldsymbol{h}_{eff} \tag{3.40}$$

$$\boldsymbol{M} = \boldsymbol{M}_0 + \boldsymbol{m} \tag{3.41}$$

这里的$\boldsymbol{H}_{eff0} = \boldsymbol{H}_{ex} + \boldsymbol{H}_d + \boldsymbol{H}_{k1}$,$\boldsymbol{M}_0$为平衡时的磁化强度,磁力矩为零,则

$$\boldsymbol{H}_{eff0}\times\boldsymbol{M}_0 = 0 \tag{3.42}$$

由式(3.42)可得

$$-2\cdot\boldsymbol{H}_{ex}\cdot\cos(\theta+\theta_0) + \boldsymbol{H}_k\cdot\sin2\theta + N\cdot M_s\cdot\sin2\theta = 0 \tag{3.43}$$

由Maxwell方程组可得

第 3 章　GMI 效应理论模型推导与仿真

$$\nabla^2 \boldsymbol{H} - \mu_0 \cdot \sigma \cdot \boldsymbol{H} = \mu_0 \cdot \sigma \cdot \boldsymbol{M} - \nabla(\nabla \cdot \boldsymbol{M}) \tag{3.44}$$

将式(3.39)有效场的表达式代入式(3.44)可得

$$\nabla^2 (\boldsymbol{H}_{k2} + \boldsymbol{h}) - k_0^2 \cdot (\boldsymbol{H}_{k2} + \boldsymbol{h}) = k_0^2 \cdot \boldsymbol{m} - \nabla(\nabla \cdot \boldsymbol{m}) \tag{3.45}$$

式中：$k_0 = \sqrt{i\omega\mu_0\sigma} = (1+i)/\delta_0$，$\delta_0$ 为铁磁材料的趋肤深度。

根据图 3.3 设立的坐标系，设 $|\boldsymbol{h}| = h \cdot e^{-i\omega t}$，$|\boldsymbol{m}| = m \cdot e^{-i\omega t}$，$\boldsymbol{e}_x$、$\boldsymbol{e}_y$、$\boldsymbol{e}_z$ 为坐标系 (x, y, z) 坐标轴的单位矢量，则

$$\boldsymbol{H}_{\text{eff}} = h_x \cdot \boldsymbol{e}_x + \left(H_k \cdot \frac{m_y}{M_s} \cdot \sin^2\theta + h_y\right) \cdot \boldsymbol{e}_y + [H_{\text{ex}} \cdot \sin(\theta + \theta_0) + H_k \cdot \cos^2\theta -$$
$$H_d + H_k \cdot m_y \cdot \sin 2\theta/(2M_s) + h_z] \cdot \boldsymbol{e}_z \tag{3.46}$$

令

$$\boldsymbol{H}_{\text{eq}} = \boldsymbol{H}_{\text{ex}} \cdot \sin(\theta + \theta_0) + \boldsymbol{H}_k \cdot \cos^2\theta - \boldsymbol{H}_d$$

$$\boldsymbol{H}_{\text{eqy}} = \boldsymbol{H}_k \cdot \frac{m_y}{M_s} \cdot \sin^2\theta$$

$$\boldsymbol{H}_{\text{eqz}} = \boldsymbol{H}_k \cdot m_y \cdot \sin 2\theta/(2M_s)$$

可得

$$\begin{bmatrix} i\omega m_x \boldsymbol{e}_x \\ i\omega m_y \boldsymbol{e}_y \\ i\omega m_z \boldsymbol{e}_z \end{bmatrix} = -\gamma \begin{bmatrix} \boldsymbol{e}_x & \boldsymbol{e}_y & \boldsymbol{e}_z \\ m_x & m_y & m_z + M_0 \\ h_x & h_y + H_{\text{eqy}} & h_z + H_{\text{eqz}} + H_{\text{eq}} \end{bmatrix} + \frac{\alpha}{M_s} \begin{bmatrix} \boldsymbol{e}_x & \boldsymbol{e}_y & \boldsymbol{e}_z \\ m_x & m_y & m_z + M_0 \\ i\omega m_x & i\omega m_y & i\omega m_z \end{bmatrix}$$
$$\tag{3.47}$$

因为 $m \ll |M_0| \approx |M_s|$，则忽略较小量后可得

$$m_z = 0 \tag{3.48}$$

$$i\omega m_x + (\gamma H_{\text{eq}} + i\omega\alpha - \gamma H_k \sin^2\theta)m_y - \gamma M_s h_y = 0 \tag{3.49}$$

$$(\gamma H_{\text{eq}} + i\omega\alpha)m_x - i\omega m_y - \gamma M_s h_x = 0 \tag{3.50}$$

考虑到 $\boldsymbol{m}$、$\boldsymbol{h}$ 在材料内是以电磁波的形式传播的，因此有

$$\boldsymbol{m}, \boldsymbol{h} \propto e^{i(\omega t - kx)} \tag{3.51}$$

由式(3.45)、式(3.51)可得

$$[1 + (k/k_0)^2]\boldsymbol{h} = -\boldsymbol{m} - m_x (k/k_0)^2 \boldsymbol{e}_x \tag{3.52}$$

从式(3.52)可得

$$m_x = -h_x \tag{3.53}$$

$$m_y = -[1 + (k/k_0)^2]h_y \tag{3.54}$$

联立式(3.49)、式(3.50)、式(3.53)、式(3.54)可得

$$1 + (k/k_0)^2 = \frac{\gamma M_s (\gamma H_{\text{eq}} + \gamma M_s + i\omega\alpha)}{\omega^2 - (\gamma H_{\text{eq}} + \gamma M_s + i\omega\alpha)(\gamma H_{\text{eq}} + i\omega\alpha - \gamma H_k \sin^2\theta)} \tag{3.55}$$

由式(3.54)可以计算出面内与 Y 轴成 β 方向上材料的磁化率 χ_β，即

$$\chi_\beta = \frac{m_y \cos[\pi/2 - (\theta + \theta_0) + \beta]}{h \cos\beta} = -[1 + (k/k_0)^2] \times \frac{\sin(\theta + \theta_0)\sin(\theta + \theta_0 - \beta)}{\cos\beta}$$
$$\tag{3.56}$$

进而可以计算出 Y 轴与 Z 轴间各磁化率的平均值 $\bar{\chi}$，即

$$\bar{\chi} = \int_{[\pi/2-(\theta+\theta_0)]}^{\theta+\theta_0} \frac{\chi_\beta \mathrm{d}\beta}{\pi/2} = -[1+(k/k_0)^2]\left\{1+\frac{2}{\pi}\mathrm{ctg}(\theta+\theta_0)\times\ln[\mathrm{ctg}(\theta+\theta_0)]\right\}\sin^2(\theta+\theta_0) \tag{3.57}$$

最终得到平均相对磁导率为

$$\bar{\mu}_r = 1 + \bar{\chi} = \frac{(\gamma H_{eq} + \gamma M_s + i\omega\alpha)(\gamma H_{eq} + \gamma M_s A + i\omega\alpha - \gamma H_k \sin^2\theta) - \omega^2}{(\gamma H_{eq} + \gamma M_s + i\omega\alpha)(\gamma H_{eq} + i\omega\alpha - \gamma H_k \sin^2\theta) - \omega^2} \tag{3.58}$$

式(3.58)中 $A = \left\{1+\frac{2}{\pi}\mathrm{ctg}(\theta+\theta_0)\times\ln[\mathrm{ctg}(\theta+\theta_0)]\right\}\sin^2(\theta+\theta_0)$

2. 有效横向磁导率的计算

由磁化动力学理论可以知道，磁性薄膜在外加恒定磁场 H_{ext} 的作用下，磁性薄膜的磁化矢量会受到一个力矩的影响，导致磁化矢量会偏离并围绕着磁场 $\boldsymbol{H}_{ex}$ 以一个恒定的小角度进行旋进运动。完整的磁化进动方程可以写成

$$\frac{\mathrm{d}\boldsymbol{M}}{\mathrm{d}t} = -\gamma \boldsymbol{M} \times \boldsymbol{H}_{eff} + \frac{\alpha}{M_s}\left(\boldsymbol{M}\times\frac{\mathrm{d}\boldsymbol{M}}{\mathrm{d}t}\right) \tag{3.59}$$

由式(3.59)可以计算出软磁薄膜的交流磁化强度和交流磁场的关系表达式，并通过计算获得软磁薄膜的有效横向磁导率。磁矩会受到磁场 $\boldsymbol{H}_{ex}$、磁各向异性场 $\boldsymbol{H}_k$ 以及驱动电流产生的交变磁场 $\boldsymbol{h}$ 等的共同作用，其中磁各向异性场 $\boldsymbol{H}_k$ 包含静态分量 $\boldsymbol{H}_{k1}$ 和动态分量 $\boldsymbol{H}_{k2}$。它们的大小可以通过各向异性能量密度中计算得到。因此，有效场 $\boldsymbol{H}_{eff}$ 可以表示为

$$\boldsymbol{H}_{eff} = h_{x'}\boldsymbol{e}_{x'} + \left(\frac{\boldsymbol{H}_k\sin^2\theta}{M_s}m_{y'} + h_{y'}\right)\boldsymbol{e}_{y'} + \\ \left[\boldsymbol{H}_{ex}\sin(\theta+\theta_k) + \boldsymbol{H}_k\cos^2\theta + \frac{\boldsymbol{H}_k\sin\theta\cos\theta}{M_s}m_{y'} + h_{z'}\right]\boldsymbol{e}_{z'} \tag{3.60}$$

为了简化运算过程，这里令

$$H_{eq} = \boldsymbol{H}_{ex}\sin(\theta+\theta_k) + \boldsymbol{H}_k\cos^2\theta \tag{3.61}$$

$$H_{eqy'} = \frac{\boldsymbol{H}_k\sin^2\theta}{M_s}m_{y'} \tag{3.62}$$

$$H_{eqz'} = \frac{\boldsymbol{H}_k\sin\theta\cos\theta}{M_s}m_{y'} \tag{3.63}$$

磁化强度 $\boldsymbol{M}$ 也包含静态分量 M_0 和交流分量 m，表示为

$$\boldsymbol{M} = m_{x'}\boldsymbol{e}_{x'} + m_{y'}\boldsymbol{e}_{y'} + (M_0 + m_{y'})\boldsymbol{e}_{z'} \tag{3.64}$$

考虑到在实际的测试和应用中，在 GMI 薄膜上所施加的激励电流一般很小，幅值大小通常只有 10mA 左右，则感应交变磁场会远小于静磁场，所以等式中的交流分量会远小于静态分量，并且交流分量的频率与激励电流的频率一致。

将式(3.60)和式(3.64)代入到式(3.59)中得到一个非线性偏微分方程

$$\begin{vmatrix} i\omega m_{x'} & e_{x'} \\ i\omega m_{y'} & e_{y'} \\ i\omega m_{z'} & e_{z'} \end{vmatrix} = -\gamma \begin{vmatrix} e_{x'} & e_{y'} & e_{z'} \\ m_{x'} & m_{y'} & M_0 + m_{z'} \\ h_{x'} & H_{eqy'} + h_{y'} & H_{eq} + H_{eqz'} + h_{z'} \end{vmatrix} + \frac{\alpha}{M_s} \begin{vmatrix} e_{x'} & e_{y'} & e_{z'} \\ m_{x'} & m_{y'} & M_0 + m_{z'} \\ i\omega m_{x'} & i\omega m_{y'} & i\omega m_{z'} e_{z'} \end{vmatrix}$$
(3.65)

式(3.65)实际上包含了3个等式。由于磁化矢量围绕着磁场 H_{ext} 以恒定的小角度的旋进运动,因此假设 $M \approx M_0 \approx M_s$,在忽略掉二次以上的分量后,可以得到

$$\begin{cases} i\omega m_{x'} + (\gamma H_{eq} + i\omega\alpha - \gamma H_k \sin^2\theta) m_{y'} = \gamma M_s h_{y'} \\ (\gamma H_{eq} + i\omega\alpha) m_{x'} - i\omega m_{y'} = \gamma M_s h_{x'} \\ m_{z'} = 0 \end{cases}$$
(3.66)

令 $\omega_0 = \gamma H_{eq} + i\omega\alpha$,化简方程组(3.66)可得

$$\begin{cases} \omega_0 m_{x'} - i\omega m_{y'} = \gamma M_s h_{x'} \\ i\omega m_{x'} + (\omega_0 - \gamma H_k \sin^2\theta) m_{y'} = \gamma M_s h_{y'} \\ m_{z'} = 0 \end{cases}$$
(3.67)

通过上面的方程组,便可以得到磁化强度与磁场的关系。通过矩阵计算的方式,便可以得到磁化率和磁导率的张量形式

$$\widetilde{\chi} = \widetilde{\mu_1} - 1 = \frac{\gamma M_s}{\omega_0(\omega_0 - \gamma H_k \sin^2\theta) - \omega^2} \begin{vmatrix} \omega_0 - \gamma H_k \sin^2\theta & i\omega & 0 \\ -i\omega & \omega_0 & 0 \\ 0 & 0 & 0 \end{vmatrix}$$
(3.68)

前面的计算是基于(x', y', z')坐标系求解出来的磁化率和磁导率的解,为了求出有效横向磁导率,还需要通过旋转矩阵的方式把(x', y', z')坐标系转换成(x, y, z)坐标系。最后得到的便是图3.4中所示的一种磁畴结构的磁导率张量,采用相同的方法也可以求得另一种磁畴结构的磁导率张量,考虑两种磁畴均匀分布,因此整个薄膜的磁导率张量为

$$\widetilde{\mu} = \frac{\widetilde{\mu_1} + \widetilde{\mu_2}}{2}$$

$$= 1 + \begin{vmatrix} \dfrac{\gamma M_s(\omega_0 - \gamma H_k \sin^2\theta)}{\omega_0(\omega_0 - \gamma H_k \sin^2\theta) - \omega^2} & \dfrac{i\omega\gamma M_s \sin(\theta + \theta_k)}{\omega_0(\omega_0 - \gamma H_k \sin^2\theta) - \omega^2} & 0 \\ \dfrac{-i\omega\gamma M_s \sin(\theta + \theta_k)}{\omega_0(\omega_0 - \gamma H_k \sin^2\theta) - \omega^2} & \dfrac{\gamma M_s \omega_0 \sin^2(\theta + \theta_k)}{\omega_0(\omega_0 - \gamma H_k \sin^2\theta) - \omega^2} & 0 \\ 0 & 0 & \dfrac{\gamma M_s \cos^2(\theta + \theta_k)}{\omega_0(\omega_0 - \gamma H_k \sin^2\theta) - \omega^2} \end{vmatrix}$$
(3.69)

通过软磁薄膜的磁导率张量可以推出材料的有效横向磁导率

$$\mu_T = \mu_t' - i\mu_t'' = 1 + \frac{\gamma M_s(\omega_0 + \gamma M_s) \sin^2(\theta + \theta_k)}{(\omega_0 + \gamma M_s)(\omega_0 - \gamma H_k \sin^2\theta) - \omega^2}$$
(3.70)

最终代入数据便可以得到软磁薄膜在外加磁场和激励电流共同作用下的软磁特性,从求式(3.33)和式(3.70)可以看到,外加磁场将改变软磁薄膜中磁矩的平衡状态,间接影响薄膜的软磁特性,激励频率的作用则是直接影响软磁薄膜的磁化过程,两者都将会对薄膜的GMI

效应产生巨大的影响。

3.1.5 薄带和薄膜材料 GMI 效应的推导区别

薄带材料和薄膜材料都是具有单层结构的软磁材料。薄带材料的厚度为十几微米到几十微米,薄膜材料的厚度一般为几微米,虽然二者的厚度相差不大,但趋肤效应的影响使得二者的 GMI 特性有很大的差异,这是由于趋肤深度反映了电场在材料中的分布情况,从而影响到材料阻抗的计算。由趋肤深度的计算公式可知,趋肤深度不仅与材料的磁导率有关,还受到激励电流频率的强烈影响,对于薄带材料和薄膜材料来说,它们获得最显著 GMI 的频率分别在低频范围(几兆赫兹以内)和高频范围(一百兆赫兹左右),也就是说电流在低频和高频时材料的趋肤深度与样品的厚度之间存在复杂的关系,所以对于薄带材料和薄膜材料的 GMI 特性需要分开进行计算。对于薄带材料来说,不管是在低频还是高频,材料的厚度都是远大于趋肤深度的;而对于薄膜材料来说,材料的趋肤深度和薄膜的厚度之间的大小关系则可能发生变化,当薄膜厚度较小时,可能会出现薄膜厚度小于趋肤深度的情况。当样品厚度大于趋肤深度时,材料中电场的分布是已知的,可以利用上述的计算结果进行计算;当样品的厚度小于趋肤深度时,材料中电场的分布是不确定的,所以阻抗的计算不能采用上述的计算结果进行计算,因此在后续的研究中应该按照薄膜厚度和趋肤效应深度的关系来分部分讨论薄膜的 GMI 效应及其参数的影响。

3.2 电磁学模型——以叠层结构 GMI 探头模型为例

叠层结构 GMI 探头可以看作 F/M/F 三明治结构的延伸,由软磁材料、平面线圈、软磁材料 3 层复合而成,将其中的导电层改为平面线圈,形成 F/C/F 结构。它的结构示意图如图 3.5 所示,其中长条部分为非晶薄带,方形部分为平面线圈。该结构的激励方式可以看作纵向激励方式的延伸,以平面线圈取代传统的螺线管线圈,激励与拾取端口都在线圈两端。

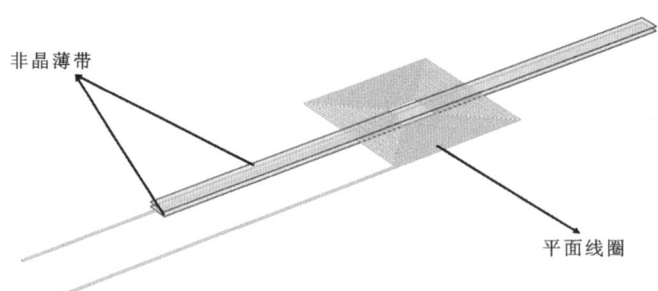

图 3.5 叠层结构 GMI 探头示意图

平面线圈通电后会在空间中产生感生磁场,其产生的磁场可以看作组成平面线圈的各导线产生的磁场在空间中的矢量叠加,而各导线产生的磁场均可以由毕奥萨伐尔定律得到。利用仿真软件计算得到的磁场空间分布情况如图 3.6 所示。

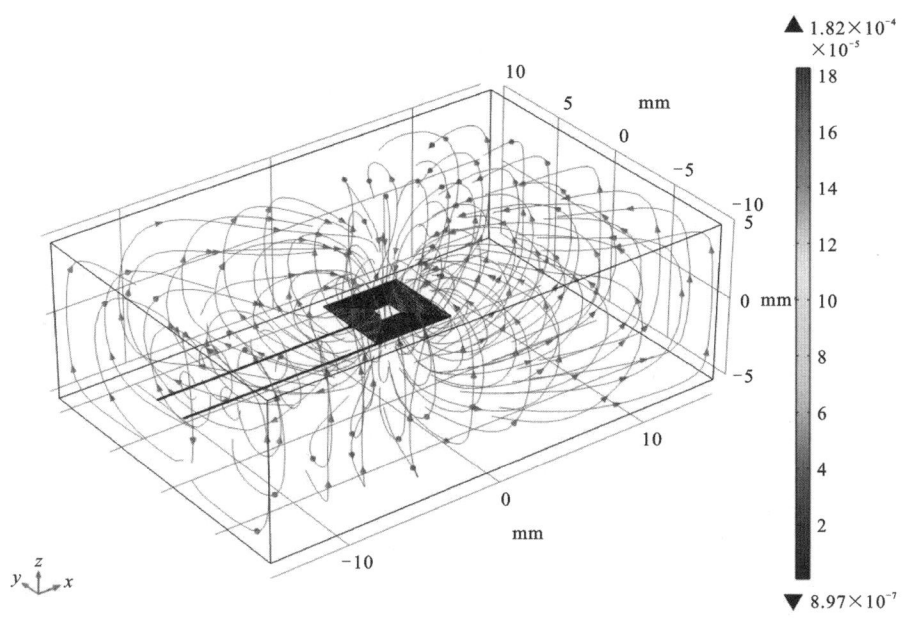

图 3.6　平面线圈产生的磁场在空间中的分布示意图

在平面线圈上下两侧复合高磁导率的非晶薄带后,非晶薄带会对平面线圈的空间磁场产生聚集作用,因此磁场的空间分布将发生变化。在仿真软件中得到的磁场空间分布以及薄带中磁场分布情况如图 3.7 所示,可以看到薄带中间部分的磁通密度模较大,这对于线圈电感值也起到了增强作用。

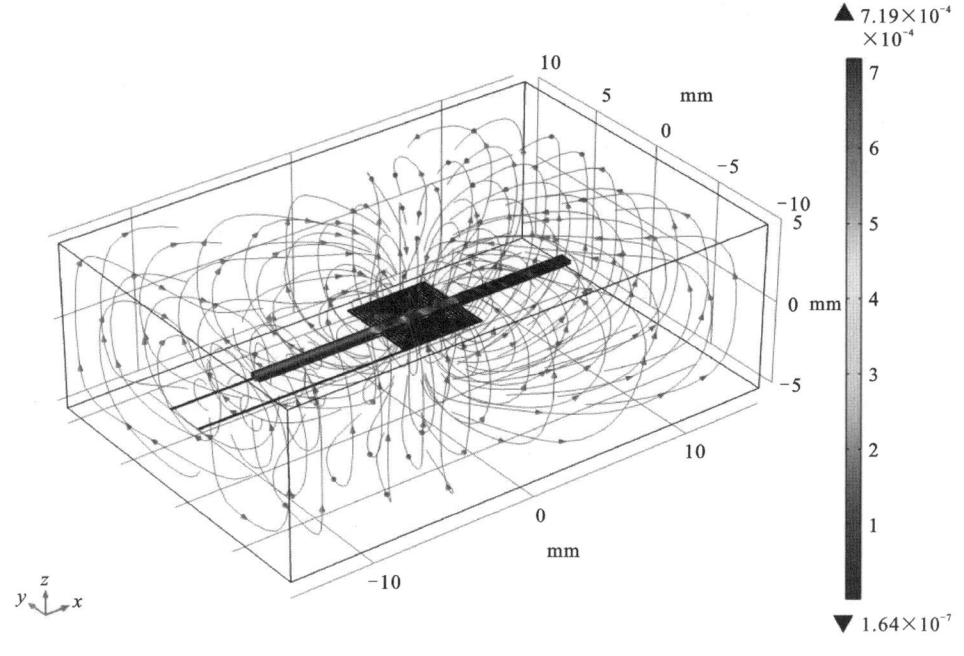

图 3.7　两侧有非晶薄带时平面线圈产生的磁场在空间中的分布示意图

综上所述，可以将叠层结构 GMI 探头的整体传感流程归纳为两个阶段。

第一阶段为外磁场的变化导致非晶薄带磁导率发生改变。软磁材料的动态磁导率并非定制，而会随外磁场的变化而变化，这与薄带的材料、形状、尺寸等影响因素有关。因此薄带的材料与形状尺寸固定后，其磁导率 μ 与外磁场 H 之间会存在特定的函数关系，可以通过测量材料的磁化曲线拟合得到该函数关系式，该关系可简单表示为

$$\mu = \mu(H) \tag{3.71}$$

第二阶段为非晶薄带磁导率变化导致平面线圈电感值发生改变。平面线圈可以看作一个电感器，即一个能够把电能转换为磁能进行存储的储能器件，其电感值可以定量描述平面线圈对电能和磁能的转换能力。平面线圈的电感值可表示为

$$L_{\text{tot}} = 2 W_{\text{m}}^{\text{tot}} / I^2 \tag{3.72}$$

式中：L_{tot} 表示总电感值；$W_{\text{m}}^{\text{tot}}$ 表示空间中存储的总磁能；I 表示线圈中的电流值。

单独的平面线圈无法对空间中的外加磁场进行感应，而当平面线圈与软磁材料形成复合的叠层结构 GMI 探头后，软磁材料会对平面线圈的交变磁场产生汇聚作用，使线圈周围的总磁能更大，该汇聚作用受到材料磁导率的影响。因此当软磁材料的磁导率发生改变时，平面线圈的电感值将随之变化，可以简单表示为

$$L = L(\mu) \tag{3.73}$$

将上述两部分传感阶段汇总，即可得到平面线圈电感值与外磁场的关系，可以简单地表示为

$$L = L(\mu) = L[\mu(H)] \tag{3.74}$$

该表达式定性的描述了平面线圈电感值与外磁场之间的关系。下面，本书将针对这两个传感过程分别进行简要的理论分析。

3.2.1 磁性材料磁导率与外磁场的关系

磁性材料有多种分类方式，其中最为常用的是根据材料的磁滞回线反映出的饱和磁化强度、矫顽力、磁导率等信息来进行分类（王日兴，2012）。根据矫顽力大小的不同，国际电工委员会在给出的 IEC60404-1:2016RLV 标准中，以 1000A/m 为界限将矫顽力较小的材料统称为软磁材料而矫顽力较大的统称为硬磁材料。两种材料的磁滞回线示意图如图 3.8 所示。

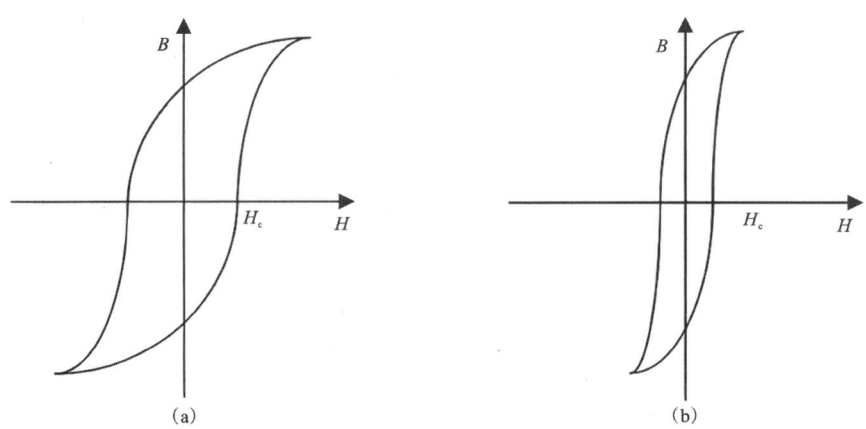

图 3.8　硬磁材料(a)与软磁材料(b)的磁滞回线示意图

由于软磁材料具有低矫顽力以及易于磁化和退磁的特点,因此被常作为敏感材料广泛应用于传感器中。叠层结构 GMI 探头的磁传感器由两层磁性材料和平面线圈复合而成。磁性材料的作用是感应外磁场的变化以及汇聚平面线圈产生的磁场,因此选择具有较好性能的软磁材料最为合适。

软磁材料的磁导率与外磁场的关系可以根据材料的磁化曲线来确定,磁化曲线主要与样品的材料和形状有关。根据磁导率的定义,磁化曲线各点的微分即为该外磁场下对应的动态磁导率,因此对整条曲线进行求导得到的导函数曲线即为动态磁导率曲线,进而得到了磁导率与外磁场的关系 $\mu=\mu(H_{app})$。常见的软磁材料的磁化曲线及磁导率曲线示意图如图 3.9 所示。

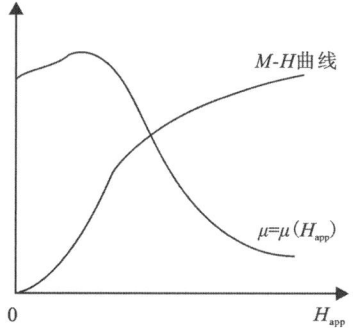

图 3.9 软磁材料的磁化曲线与磁导率曲线示意图

3.2.2 平面线圈电感值与磁性材料磁导率的关系

平面线圈可以视为由长直导线螺旋缠绕而成,其电感值包括自感和互感两个部分。其中自感是所有导线段自身具有的电感值,而互感则是邻近导线段中电流之间的相互影响所产生的。

目前已有多种针对单独的平面线圈电感值的求解模型。Peters 等(2008)基于毕奥萨伐尔定律的积分公式,提出了一种用于计算具有任意数量平行线和层数的平面线圈电感的分析算法。沈瑶等(2020)利用 ANSYS Maxwell 软件对平面螺旋型平面线圈的电感值进行了仿真分析,并研究了平面线圈匝数对平面线圈电感值和耦合系数的影响。Andreia 等(2021)提出了一种基于格罗弗方程的平面线圈电感计算方法,该方法没有几何限制,可以快速、精确地分析计算如图 3.10 所示的各类平面线圈的电感值。上述研究主要针对单独的平面线圈进行电感值的求解,对于本书叠层结构 GMI 探头中平面线圈电感值的计算具有一定的参考价值。在叠层结构 GMI 探头中,平面线圈的电感值与磁性材料的磁导率之间存在一定关系。早在 20 世纪 80 年代就有研究发现,用软磁材料覆盖线圈可以增大线圈电感,Roshen 等(1990)在假设磁衬底足够厚的条件下,推导了单侧磁衬底对于平面螺旋平面线圈电感的增强作用,得到

$$L = \frac{2\mu}{\mu+1} L_0 \tag{3.75}$$

式中:L 和 L_0 分别为有磁衬底时的平面线圈电感量和无磁衬底时的电感量;μ 为所用磁衬底的相对磁导率。

由式(3.75)可知,在只有单侧存在磁性材料的情况下,平面线圈的电感量最多增加为无衬底时的两倍(当 $\mu\to\infty$ 时 $L\to 2L_0$)。Roshen 和 Turcotte(1998)分析了磁性材料/平面线圈/磁性材料结构的电感模型,指出在上、下磁性材料厚度无限大的前提下,上、下磁性材料的间距是影响结构电感量的关键因素。若给定磁性材料磁导率 μ,该间距越小,结构电感量越大。理想情况下,若该间距无限小,则电感量可增强至单独平面线圈的 μ 倍。上述分析可以在一定程度上指导叠层结构 GMI 探头的设计,但其推导时的假设也忽略了一些重要几何参数,如磁性材料厚度。Paton(1964)和 Jones(1981)在对磁性薄膜读写头的理论分析中建立了相对

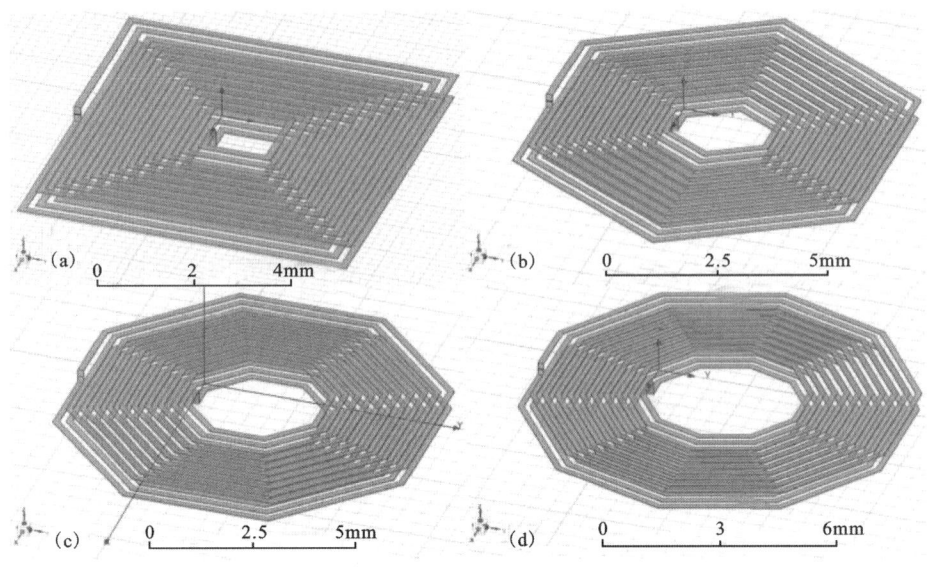

图 3.10 多种线圈的仿真建模示意图

完善的磁性材料/导线/磁性材料的电感模型。Korenivski 和 Van Dover(1996)以类似的建模方式分析了磁性材料宽度、两磁性材料间距等几何因素对磁性材料/导线/磁性材料的电感的影响。参考 Korenivski 和 Van Dover 等(1996)对磁性薄膜/导线/磁性材料结构的研究,笔者对该模型进行了进一步推导和分析。

叠层结构 GMI 探头的结构十分复杂,对应的电感计算也十分复杂,因此需要进行抽象等效得到较为简化的模型。平面线圈可以视为多条导线的叠加,因此可以不失一般性地先通过如图 3.11 所示的薄带/单导线/薄带的模型对原理进行分析。为了便于计算和等效简化,还需做出如下假设:

(1)导线中电流的分布是均匀的。
(2)磁通量在面外方向的变化可以忽略。
(3)磁性材料的磁化是均匀的,且远大于1。
(4)上、下磁性材料间的磁场强度方向沿着面外方向,除两层磁性材料间距外,其他端面上均没有磁通泄漏。

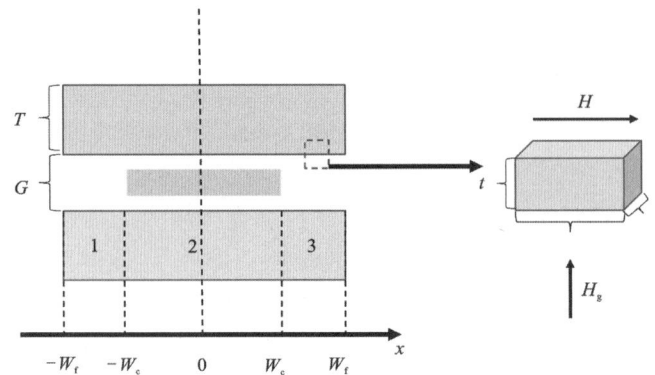

图 3.11 软磁材料/导线/软磁材料结构的简化模型及任一闭合回路示意图

第 3 章　GMI 效应理论模型推导与仿真

对于简化后的磁性材料/导线/磁性材料模型,对任意一处闭合回路,根据安培环路定理,有

$$\oint \boldsymbol{H} \cdot \mathrm{d}\boldsymbol{l} = \sum I \tag{3.76}$$

设导线中的电流大小为 I,则对于图 3.11 中虚线回路,根据安培环路定理,有

$$H_\mathrm{g} \cdot G + H \cdot \Delta x - \left(H_\mathrm{g} + \frac{\partial H_\mathrm{g}}{\partial x} \cdot \Delta x\right) \cdot G + H \cdot \Delta x = \frac{I}{2W_\mathrm{c}} \cdot \Delta x \tag{3.77}$$

即

$$2H - \frac{\partial H_\mathrm{g}}{\partial x} \cdot G = \frac{I}{2W_\mathrm{c}} \tag{3.78}$$

而磁性材料未覆盖导线的区域(图 3.11 中 1、3 区域)内没有电流通过,即 $I=0$,因此有

$$2H - \frac{\partial H_\mathrm{g}}{\partial x} \cdot G = 0 \tag{3.79}$$

根据磁通连续性定理:由任一闭合面穿出的净磁通等于零,即穿出的磁通等于穿入的磁通,而其代数和为零,即

$$\nabla \cdot \boldsymbol{B} = 0 \tag{3.80}$$

可知,对于上述闭合回路中的小长方体,有

$$\mu_0 \mu_\mathrm{r} H \cdot t \Delta y - \mu_0 \mu \left(H + \frac{\partial H}{\partial x} \cdot \Delta x\right) \cdot t \Delta y + \mu_0 H_\mathrm{g} \cdot \Delta x \Delta y = 0 \tag{3.81}$$

即

$$H_\mathrm{g} = \mu \frac{\partial H}{\partial x} \cdot t \tag{3.82}$$

联立式(3.79)和式(3.82),同时取 $t=T$,可得微分方程

$$2H - GT\mu \cdot \frac{\partial^2 H}{\partial x^2} = \frac{I}{2W_\mathrm{c}} \tag{3.83}$$

即

$$H - \frac{1}{2}GT\mu \cdot \frac{\partial^2 H}{\partial x^2} = \frac{I}{4W_\mathrm{c}} \tag{3.84}$$

令

$$\frac{1}{2}GT\mu = \alpha^2$$

则

$$\frac{\partial^2 H}{\partial x^2} - \frac{1}{\alpha^2}H = -\frac{1}{\alpha^2} \cdot \frac{I}{4\omega_\mathrm{c}} \tag{3.85}$$

对于整个磁性材料与导线构成的复合叠层结构 GMI 探头,其侧面的总磁通量可以表示为

$$\Phi = \mu_0 \mu H \cdot TL \tag{3.86}$$

替换式(3.86)中的磁场强度 H,有

$$\frac{\partial^2 \Phi}{\partial x^2} - \frac{1}{\alpha^2}\Phi = -\mu_0 \mu \frac{1}{\alpha^2} \cdot \frac{I}{4W_\mathrm{c}} \cdot TL \tag{3.87}$$

令

$$\beta = \mu_0 \mu \frac{I}{4W_c} \cdot TL$$

则式(3.87)变为

$$\frac{\partial^2 \Phi}{\partial x^2} - \frac{1}{\alpha^2}\Phi = -\frac{\beta}{\alpha^2} \cdot I \tag{3.88}$$

该式为二阶偏微分方程,在1、2、3区域分别有如下通解。

$$\Phi_1(x) = A_1 e^{x\alpha} + B_1 e^{-x/\alpha} \tag{3.89}$$

$$\Phi_2(x) = A_2 e^{x\alpha} + B_2 e^{-x\alpha} + \beta \cdot I \tag{3.90}$$

$$\Phi_3(x) = A_3 e^{x\alpha} + B_3 e^{-x\alpha} \tag{3.91}$$

其中 α 和 β 分别由上述设定条件确定,A_1、A_2、A_3、B_1、B_2、B_3 为待定系数,由磁场分界处的边界条件确定。

根据上文中的假设,上、下磁性材料之间的磁场沿着面外方向,并且除了两层磁性材料的间距处外,其他端面上均没有磁通泄漏,可知在左右两侧的边缘处,磁通为 0,即

$$\Phi_1(-W_f) = \Phi_3(W_f) = 0 \tag{3.92}$$

由区域 1 和区域 2、区域 2 和区域 3 分界面的磁通连续,可得

$$\Phi_1(-W_c) = \Phi_2(-W_c) \tag{3.93}$$

$$\Phi_2(W_c) = \Phi_3(W_c) \tag{3.94}$$

由区域 1 和区域 2、区域 2 和区域 3 分界面的磁动势连续,可得

$$\varepsilon_{m1}(-W_c) = \varepsilon_{m2}(-W_c) \tag{3.95}$$

$$\varepsilon_{m2}(W_c) = \varepsilon_{m3}(W_c) \tag{3.96}$$

根据磁路欧姆定律

$$\varepsilon_m = \Phi_m \cdot R_m \tag{3.97}$$

其中 Φ_m 为磁通量,R_m 为磁阻。由此可知,对于区域 1 中的任意立方体微元,有

$$\varepsilon_{m1} = \mu_0 H_g \cdot \Delta x \Delta y \cdot \frac{2G}{\mu_0 TL} \tag{3.98}$$

用式(3.98)替换式(3.82)中的 H_g,有

$$\varepsilon_{m1} = \mu_0 \Delta x \Delta y \cdot \frac{2G}{\mu_0 TL} \cdot \mu \frac{\partial H}{\partial x} \cdot t \tag{3.99}$$

对于该长方体微元

$$\Delta \Phi_1 = \mu_0 \mu H \cdot t \Delta y \tag{3.100}$$

用式(3.100)代入式(3.99),有

$$\varepsilon_{m1} = \Delta x \frac{2G}{\mu_0 TL} \cdot \frac{\partial \Phi_1}{\partial x} \tag{3.101}$$

同理,对于区域 2 和区域 3 可得

$$\varepsilon_{m2} = \Delta x \frac{2G}{\mu_0 TL} \cdot \frac{\partial \Phi_2}{\partial x} \tag{3.102}$$

$$\varepsilon_{m3} = \Delta x \frac{2G}{\mu_0 TL} \cdot \frac{\partial \Phi_3}{\partial x} \tag{3.103}$$

第 3 章　GMI 效应理论模型推导与仿真

因此,有边界条件

$$\frac{\partial \Phi_1(-W_c)}{\partial x} = \frac{\partial \Phi_2(-W_c)}{\partial x}$$

$$\frac{\partial \Phi_2(W_c)}{\partial x} = \frac{\partial \Phi_3(W_c)}{\partial x}$$

至此,已经得到了求解微分方程组的 6 个边界条件,由此可以求解微分方程组的 6 个待定系数 A_1、A_2、A_3、B_1、B_2、B_3 为

$$B_1 = \frac{1 - e^{\frac{-2w_f}{\alpha}}}{2(e^{\frac{-2w_f}{\alpha}} - e^{\frac{2w_f}{\alpha}})} \cdot (e^{\frac{w_c}{\alpha}} - e^{\frac{-w_c}{\alpha}}) \cdot \beta \cdot I \tag{3.104}$$

$$B_3 = \frac{1 - e^{\frac{2w_f}{\alpha}}}{2(e^{\frac{-2w_f}{\alpha}} - e^{\frac{2w_f}{\alpha}})} \cdot (e^{\frac{w_c}{\alpha}} - e^{\frac{-w_c}{\alpha}}) \cdot \beta \cdot I \tag{3.105}$$

$$A_1 = -B_1 \cdot e^{\frac{2w_f}{\alpha}} \tag{3.106}$$

$$A_3 = -B_3 \cdot e^{\frac{2w_f}{\alpha}} \tag{3.107}$$

$$A_2 = -B_3 \cdot e^{\frac{-2w_f}{\alpha}} - \frac{1}{2} e^{\frac{-w_c}{\alpha}} \cdot \beta \cdot I \tag{3.108}$$

$$B_2 = -B_3 - \frac{1}{2} e^{\frac{w_c}{\alpha}} \cdot \beta \cdot I \tag{3.109}$$

由此便可以求解出磁性材料和平面线圈复合叠层结构 GMI 探头模型中关于磁性材料内部磁通分布的微分方程的特解。在求得磁通分布的基础上,可以对电感值进行求解。根据电感值与电流和磁通量的关系可知

$$L = \frac{1}{2w_c \cdot I} \int_{-w_f}^{w_f} \Phi(x) \mathrm{d}x = \frac{1}{2w_c \cdot I} \left[\int_{-w_c}^{w_c} \Phi_2(x) \mathrm{d}x \right] \tag{3.110}$$

对于区域 1、2、3 分别有

$$\int_{-w_f}^{-w_c} \Phi_1(x) \mathrm{d}x = \int_{-w_f}^{-w_c} (A_1 e^{x/\alpha} + B_1 e^{-x/\alpha}) \mathrm{d}x$$
$$= \alpha \left[A_1 (e^{\frac{-w_c}{\alpha}} - e^{\frac{-w_f}{\alpha}}) - B_1 (e^{\frac{w_c}{\alpha}} - e^{\frac{w_f}{\alpha}}) \right] \tag{3.111}$$

$$\int_{-w_c}^{w_c} \Phi_2(x) \mathrm{d}x = \int_{-w_c}^{w_c} (A_2 e^{x/\alpha} + B_2 e^{-x/\alpha} + \beta \cdot I) \mathrm{d}x$$
$$= 2 w_c \cdot \beta \cdot I + \alpha (A_2 + B_2)(e^{\frac{w_c}{\alpha}} - e^{\frac{-w_c}{\alpha}}) \tag{3.112}$$

$$\int_{w_c}^{w_f} \Phi_3(x) \mathrm{d}x = \int_{w_c}^{w_f} (A_3 e^{x/\alpha} + B_3 e^{-x/\alpha}) \mathrm{d}x$$
$$= \alpha \left[A_3 (e^{\frac{w_f}{\alpha}} - e^{\frac{w_c}{\alpha}}) - B_3 (e^{\frac{-w_f}{\alpha}} - e^{\frac{-w_c}{\alpha}}) \right] \tag{3.113}$$

故得到

$$\Phi = \Phi(\mu) = \int_{-w_c}^{w_c} \Phi_2(x) \mathrm{d}x \tag{3.114}$$

综上所述，电感值与磁性材料磁导率的关系为

$$L = L(\mu) = \frac{1}{2w_c \cdot I} \cdot \Phi(\mu) \tag{3.115}$$

其中，$\Phi(\mu)$ 由式(3.114)得到，其参数 A_1、A_2、A_3、B_1、B_2、B_3 可由式(3.104)~式(3.109)得到。

第4章　GMI传感器探头设计与电路实现

由于GMI传感器探头的设计对后端电路的设计以及信号处理影响很大,因此传感器的实现首先从探头设计开始。

4.1　GMI传感器探头设计

GMI传感器的传感元件一般为软磁材料制成的薄带、细丝或者薄膜,当给材料通入交变电流时,材料中的GMI效应会导致材料的阻抗变化非常明显,通过检测该阻抗变化可以反映出外部磁场强度的变化,以此达到传感的目的。根据GMI传感元件的工作原理,可以根据探头的驱动和拾取方式,设计多种不同类型的探头,本节主要介绍GMI传感器探头的结构、设计方法与测试结果。

4.1.1　典型的4种GMI探头激励方式及改进方式

GMI激励旨在设计带有GMI材料的GMI传感器探头,该探头接入阻抗测量电路后,能辅助阻抗测量电路对GMI材料产生外加激励信号,并拾取感应信号,从而获取GMI材料的阻抗值。GMI激励方式分为典型的螺旋线圈激励和改进的平面线圈激励两种方式。下面对以上两种激励方法进行介绍。

1. 典型的4种GMI探头激励方式

常见GMI传感器探头结构如图4.1所示(魏双成等,2013),主要包括GMI材料与螺旋线圈。探头的正常工作一般需要有外加激励信号,并能拾取感应信号。

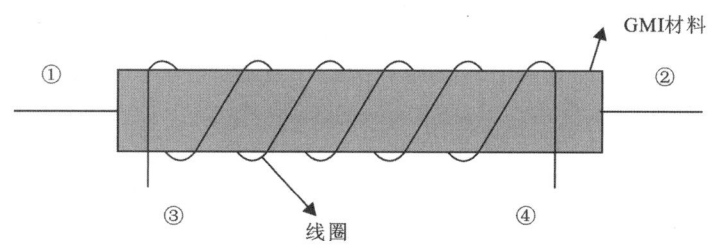

图4.1　GMI探头激励方式示意图

激励可以直接加载在材料两端,即①、②端口,也可以加载在缠绕于材料外的线圈两端,即③、④端口。而材料的信号拾取端口也可以选择这两种方式,因此对于GMI探头的激励与拾取方式共有4种组合,分别为横向激励方式、非对角激励方式、纵向激励方式以及线圈激励方式,如表4.1所示。

表4.1 GMI常见的4种激励拾取方式

类型	电流驱动端口	信号拾取端口
横向激励方式	①、②	①、②
非对角激励方式	①、②	③、④
纵向激励方式	③、④	③、④
线圈激励方式	③、④	①、②

横向激励方式是将敏感元件两端既作为高频电流的激励端口又作为输出信号的拾取端口,而将螺旋线圈用来施加直流磁场偏置;非对角激励方式是指将敏感元件的两端作为高频电流的激励端口,而将线圈两端作为输出信号的拾取端口;纵向激励方式则是将线圈两端口既作为高频电流的激励端口又作为输出信号的拾取端口,将敏感元件用作感应外磁场的磁芯;线圈激励方式则是将线圈两端作为高频电流的激励端口,而将敏感元件两端作为输出信号的拾取端口。

横向激励方式和非对角激励方式是目前最广泛采用的两种方式,有研究表明(赵湛和鲍丙豪,2005),非对角激励方式使用线圈进行拾取,通常会拥有更高的灵敏度。纵向激励方式在非对角激励使用线圈拾取的基础上,将激励电流也加载在线圈中,因此激励电流并不通过敏感元件,这样可以减小材料本身较高的阻抗导致的焦耳热损耗以及涡流的产生,降低由于温度变化导致的材料热稳定性问题以及由电流分布不均匀带来的软磁性能下降等不良影响。

2. 改进的平面线圈GMI激励方式

传统的纵向激励方式存在着一些问题,如螺线管型线圈的体积相对较大,且导线的均匀性难以保证。因此学者们希望对纵向激励方式进行改进,使用平面线圈替代立体螺旋线圈,将整体传感器结构设计为磁性材料/平面线圈/磁性材料这种类似于三明治结构的F/C/F叠层结构。平面线圈可以利用印刷电路板技术制备,这将极大地提升线圈设计的自由度和导线排布的准确性,并且具有简便经济的优势,传感器的整体结构也更加简单。本书3.2节已针对该种叠层结构GMI探头传感器的传感原理进行了分析,此处不再赘述。

4.1.2 对角式GMI传感器探头设计

1. 对角式GMI传感器探头工作原理

GMI敏感材料在高频电流激励下,会在与驱动磁场相反的方向上产生周期性磁化。其中对角分量对应于激励磁场和产生的电场之间的正交方向,而非对角分量对应于这些场之间的平行方向(Huang et al.,2022)。对角式GMI传感器的结构简单,激励电流和响应电压均从

第 4 章　GMI 传感器探头设计与电路实现

材料两端输入和输出。敏感材料的阻抗与外磁场强度以及激励电流信号的频率和大小之间有着密切的关系,就激励信号频率而言,在不同大小的频率下,其工作的物理机制也不同(Zhou et al.,2017)。根据经典电学理论,将敏感材料的阻抗 Z 定义为

$$Z = \frac{V_{ac}}{I_{ac}} = R + jX \tag{4.1}$$

式中:I_{ac} 表示敏感材料的激励电流大小;V_{ac} 表示敏感材料在高频电流激励下的电压响应。

图 4.2 为对角式测量材料阻抗变化的原理图。

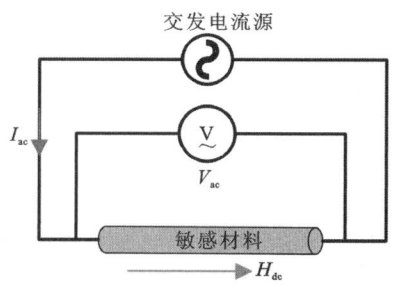

图 4.2　对角式 GMI 传感器测量原理图

敏感材料在高频电流激励下的阻抗变化大小通常使用阻抗变化率来描述。阻抗变化率表示为在不同磁场强度下的敏感材料阻抗 Z 相对于磁化强度饱和时的阻抗值 $Z(H_{max})$ 的变化率,即

$$\frac{\Delta Z}{Z} = \frac{Z(H) - Z(H_{max})}{Z(H_{max})} \times 100\% \tag{4.2}$$

其中,$Z(H)$ 表示磁场大小为 H 时敏感材料的阻抗。关于阻抗变换率的另一种定义是将公式中的 $Z(H_{max})$ 替换为零磁场下敏感材料的阻抗值 $Z(H_0)$,而 $Z(H_0)$ 的大小取决于敏感材料的剩磁状态,但仅在敏感材料的剩磁接近于零时才能使用该定义。

在敏感材料中,材料的磁导率与趋肤效应是影响阻抗的主要因素。趋肤效应是指电流在导体流通时并不是均匀分布,而是在导体表面一定深度中流动。当高频的激励电流 I_{ac} 通过敏感材料时,趋肤效应会导致材料横截面中可导通电流的部分减少,从而导致敏感材料的交流阻抗显著变化。趋肤深度可表示为

$$\delta_m = \sqrt{\frac{\rho}{\pi f \mu}} \tag{4.3}$$

式中:δ_m 为趋肤效应的趋肤深度;ρ 为材料的电阻率;f 为电流激励信号的频率;μ 为敏感元件的磁导率,当外部磁场强度发生变化时,敏感材料的磁导率发生变化。

由式(4.3)可知磁导率 μ 的变化会改变通过敏感材料的激励电流的驱肤深度,驱肤深度的改变使得敏感材料的阻抗发生变化,因此 GMI 效应的大小与敏感材料的磁导率变化紧密相关。

最终敏感材料的阻抗值可以由经典电动力学 Landau-Lifschitz 公式推导出来

$$Z = R_{dc} ka \frac{J_0(ka)}{2 J_1(ka)} \tag{4.4}$$

式中:J_0和J_1为贝塞尔方程;k为与电磁波径向传播相同的波矢,$k=(1-j)/\delta$。

化简之后得到的表达式为

$$Z = \frac{l\rho}{a}\frac{1}{2\pi\delta} + \mathrm{j}\omega\frac{l\mu 2\delta}{8\pi a} \qquad (4.5)$$

通过式(4.5)可以看出,敏感材料的阻抗表达式的实部对应了其阻抗分量,表达式的虚部对应其感抗分量。当外部磁场大小变化时,敏感材料的感抗分量发生变化,同时,在激励电流中材料的趋肤深度也发生变化,这两者共同作用改变了敏感材料的阻抗。综上所述,当流经材料的电流频率较高时,材料的趋肤效应明显,材料阻抗的实部和虚部均会发生较大变化,即阻抗Z发生显著变化,从而可以观察到GMI效应。

这种直接检测敏感材料阻抗变化的方式虽方便传感器设计,但由于其在零场附近的非线性特性,对角式GMI传感器通常需要通过施加静磁场将敏感材料偏置到线性工作区。而该静磁场的大小则需要根据材料响应确定,且会受到温度等外界环境影响,这为传感器的设计带来了一定的复杂度。此外,对角式GMI传感器的灵敏度依赖于材料的阻抗变换比,如果想提高传感器灵敏度则需要从材料本身性能着手,而从电路层面进行改进的难度较大。

2. 对角式GMI探头设计与测试

当前用于制作GMI磁传感器的软磁材料按属性可分为非晶薄膜、非晶薄带、非晶丝3类,这3类材料所具有的GMI效应依次递增。但是焊接非晶丝容易造成非晶丝热容量饱和,从而改变GMI材料的敏感特性,若需要将其微型化需要设计专用夹具,且难以集成至探头中。考虑上述原因,笔者选择了GMI效应稍弱的非晶薄带作为传感器敏感元件材料。

本节中所使用的GMI敏感材料为德国Vacuumschmelze公司生产的Co基非晶薄带材料,其实物图如图4.3所示,相关的磁性能参数如表4.2所示。

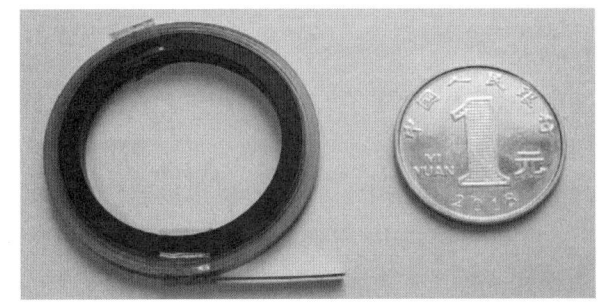

图4.3 6025Z非晶薄带实物图

表4.2 VITROVAC 6025Z磁性能参数

磁性能参数名	性能
饱和磁感应强度 B_s	0.58T(25℃)
最大磁导率 μ_{max}	500×10^3
矫顽力 H_c	19A/cm(25℃)
磁致伸缩系数 λ_s	<0.2×10^6
双极磁通密度摆幅 ΔB_{ss}	1.15T(25℃)
居里温度 T_c	240℃

第4章 GMI传感器探头设计与电路实现

用于制作传感器的 GMI 敏感材料,我们一般需要关注其 GMI 效应指标,但是直接测量材料阻抗变化率需要使用专用仪器,为了间接评估其性能参数,我们可通过测量 GMI 元件磁场灵敏度 S_Ω 来实现,其定义为

$$S_\Omega = \frac{\Delta Z/Z}{\Delta H} = \frac{\mathrm{d}Z(H)}{\mathrm{d}H} \tag{4.6}$$

式中:H 表示施加于 GMI 材料上的磁场大小;$Z(H)$ 表示此时材料自身的阻抗值。

由式(4.6)可知,GMI 元件灵敏度会随着 GMI 效应的变化而改变,由前文分析可知,激励电流大小与激励频率对 GMI 元件阻抗均有一定影响,为了研究这两者对阻抗变化率的关系,我们进行了相关的测试分析。

GMI 元件的阻抗变化曲线可使用矢量网络分析仪获得,设定测量磁场范围 $H_{\mathrm{ex}} \in [-2500, 2500]$ μT,使用亥姆霍兹线圈配合电流源产生对应磁场,施加于敏感材料的激励电流频率从 1MHz 增加至 30MHz,由仪器测得不同激励电流频率下非晶薄带阻抗值随外部磁场的变化曲线如图 4.4 所示。

由图 4.4 可以看出,材料在不同激励频率下所对应的阻抗值不统一,难以分辨出各个激励频率下 GMI 敏感材料所呈现的 GMI 效应强弱,因此将所测得数据中 $-2500\mu\mathrm{T}$

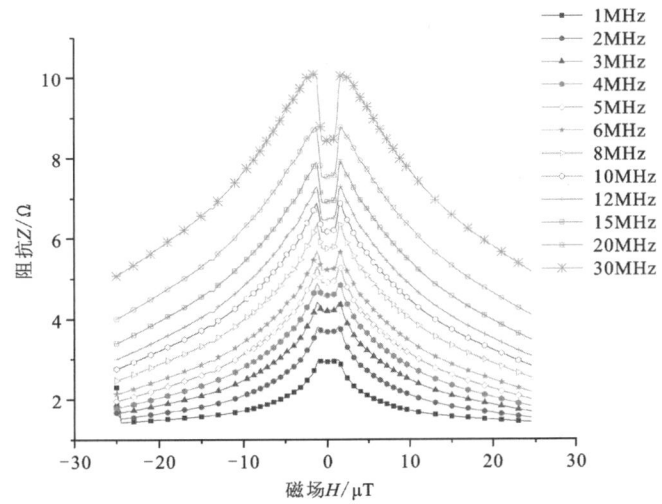

图 4.4　6025Z 非晶薄带阻抗值随外加磁场变化关系曲线

处所对应的阻抗值作为基准值,即式(4.2)中 $Z(H_{\max})$,通过将不同外部磁场所对应的阻抗值代入式(4.2)可确定所测量频率下的阻抗变化率,其结果如图 4.5 所示。

由图 4.5 可以看出,随着外部磁场的增加,敏感材料的阻抗变化率曲线呈现对称的双峰形态。当激励频率不同时,阻抗变化率最大值也不同。在 1~50MHz 频段范围内,伴随着激励频率的升高,材料的阻抗变化率的最大值具有先增大后减小的特性。由对角式 GMI 传感器探头工作原理可知,GMI 材料磁导率会随着外部激励频率增大而增强,在达到最大值后会逐步减弱,因此造成了上述 GMI 效应曲线。

图 4.6 为蒋峰等(2009)为了探究激励电流幅值大小对敏感材料 GMI 效应的影响所进行的测试实验。在确定材料的激励频率后,他们测试了不同激励电流幅值下敏感材料的 GMI 效应曲线。

与上述研究类似,笔者对所使用的 Co 基非晶薄带的激励电流幅值与 GMI 效应大小的关系进行了实验测试。将激励频率设置为 5MHz,测量到的不同激励电流幅值下 GMI 效应最大值如图 4.7 所示。

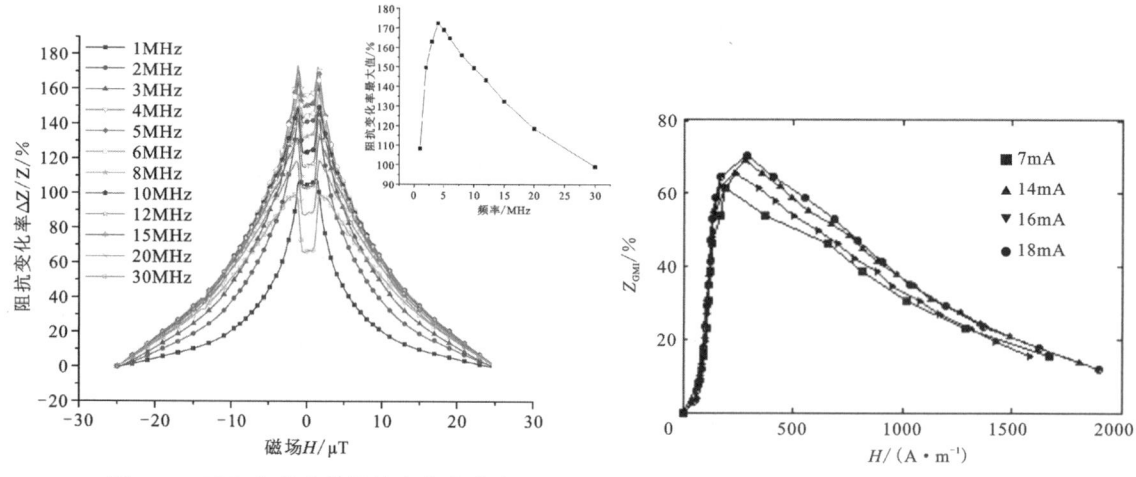

图 4.5　GMI 非晶薄带阻抗变化率曲线

图 4.6　不同激励电流下非晶带材的 GMI 效应

设置激励电流幅值在 5～30mA 范围内变化，由图 4.7 测量结果可知，GMI 效应最大值呈现先增大后减小的趋势，且在 20mA 左右取得 GMI 效应最大值。因此可以确定传感器使用敏感材料时可采用幅值为 20mA 的电流信号进行激励。

在确定敏感材料电流激励频率与激励电流大小的基础上，可对敏感元件阻抗变化进行测量，测量结果如图 4.8 所示。

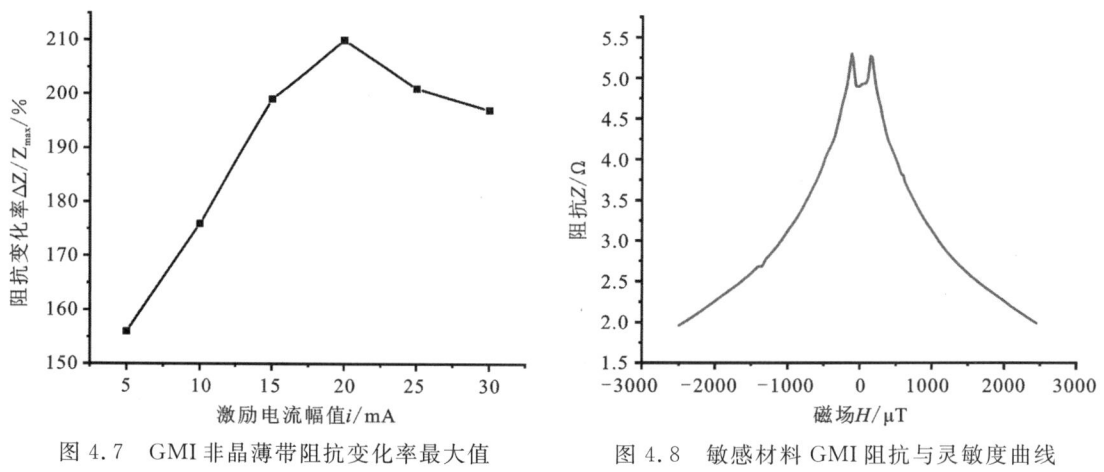

图 4.7　GMI 非晶薄带阻抗变化率最大值随激励电流变化规律

图 4.8　敏感材料 GMI 阻抗与灵敏度曲线

如图 4.8 所示，Y 轴的数值大小为材料阻抗大小，在零磁场附近阻抗变化趋近于零，因此为使敏感材料正常工作，可根据阻抗变化特性与外部磁场大小确定所需偏置场大小。由于传感器需要工作于线性区域，此时可将静态工作点设置于 $125\mu T$ 处，此时经过计算灵敏度为 $0.0018\Omega/\mu T$。由于 GMI 效应曲线具有对称的特点，因此在实际使用中可将传感器起始工作点设定在曲线左边或者右边均可。

4.1.3 非对角式 GMI 传感器探头设计

1. 非对角式 GMI 传感器探头工作原理

非对角式 GMI 传感器利用拾取线圈感应敏感材料在交流电流激励下产生的纵向磁场分量,并以线圈得到的感应电动势作为传感器的输出。图 4.9 为非对角式 GMI 传感器测量原理图。当通过敏感材料的高频电流引起周向和纵向磁化时,非对角式 GMI 效应就涉及交叉磁化过程。纵向磁化的发生要求存在非对角的磁导率张量,交流纵向磁化在线圈中产生电压,该电压用作非对角 GMI 传感器的输出。给材料施加外部纵向磁场会改变敏感材料的螺旋磁化和线圈电压,当施加的磁场反向时,线

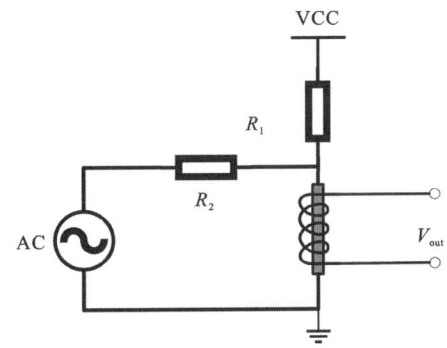

图 4.9 非对角式 GMI 传感器测量原理图

圈电压相对于激励电流会发生偏移,由此可以区分磁场的方向。另外,非对角式 GMI 传感器提供了提高电压灵敏度的方法,对于改善噪声特性有着重要意义(李建华和陈家文,2023)。

由于非对角 GMI 传感器的输出电压由拾取线圈感应得到,可以通过法拉第电磁感应分析线圈输出电压 V_{out},即

$$V_{\text{out}} = -\frac{\text{d}\Phi}{\text{d}t} = -2\pi N \int_0^{r_o} \frac{\text{d}M_z}{\text{d}t} * r\text{d}r \tag{4.7}$$

式中:Φ 为通过线圈的磁通量;M_z 为敏感材料轴向的磁化强度;r 为敏感材料细丝的半径。

考虑低频时趋肤效应并不明显,由式(4.7)计算可得

$$V_{\text{out}} = -NA\left[H_{\text{ext}}\frac{\text{d}\mu(t)}{\text{d}t} + \mu\frac{\text{d}H_{\text{ext}}(t)}{\text{d}t}\right) \tag{4.8}$$

式中:A 为线圈的横截面积;$\mu(t)$ 为交流纵向磁导率;$H_{\text{ext}}(t)$ 为外部磁场强度。

根据式(4.8)可知,拾取线圈得到的感应电压信号大小正比于线圈的匝数,由此可见提高非对角式 GMI 传感器的输出可以通过提高线圈匝数来实现,这在实际的电路设计中是比较容易实现的,这也说明了非对角方式设计高灵敏度 GMI 传感器的潜能。综上所述,非对角式 GMI 传感器在零场区域的线性响应、高响应带宽和高灵敏度是它较于对角式 GMI 传感器最主要的优势。

2. 非对角式 GMI 探头设计与测试

对角式 GMI 传感器探头主要测试了敏感材料的阻抗变化特性,其测试结果为非对角式 GMI 传感器探头测试提供了经验。与对角式不同的是,非对角式 GMI 传感器的输出电压是通过缠绕在敏感材料上的拾取线圈利用电磁感应原理产生的。该线圈只做拾取使用,如图 4.9 所示,R_2 表示将交流电压转换成交变电流的 v-i 转换电路,R_1 与系统直流电压相连,直接激励材料,通过材料本身产生偏置磁场,使敏感材料工作在线性区。

非对角式 GMI 传感器的输出电压由感应线圈拾取得到,本书中的拾取线圈通过手摇绕

线机绕制而成,螺线管长 16mm,内径 6mm,线圈匝数 500 匝,其实物图如图 4.10 所示。

对角式 GMI 传感器探头的响应是通过敏感材料的阻抗变换比来体现的。非对角式 GMI 传感器通过线圈拾取电压,在同样的磁场范围内,线圈感应的电压变化相比于材料的电压变化大得多,因此可以直接检测线圈两端的电压值来测试探头的响应曲线。与对角式 GMI 传感器相同,非对角式 GMI 探头的测试主要分为不同激励电流频率、不同激励电流幅值和不同偏置电流大小的测试。

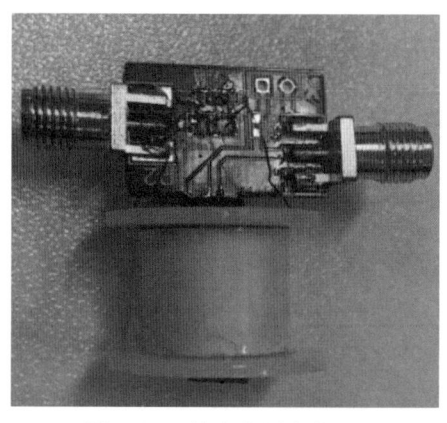

图 4.10 拾取线圈实物图

首先,利用 Wenke 6500P 高频阻抗分析仪测量了线圈的电感,其电感值随激励频率的变化曲线如图 4.11 所示,由于线圈在频率高于 1MHz 时呈现容性阻抗特征,不利于电路的设计,因此非对角探头测试部分选用低于 1MHz 的激励频率进行测试。

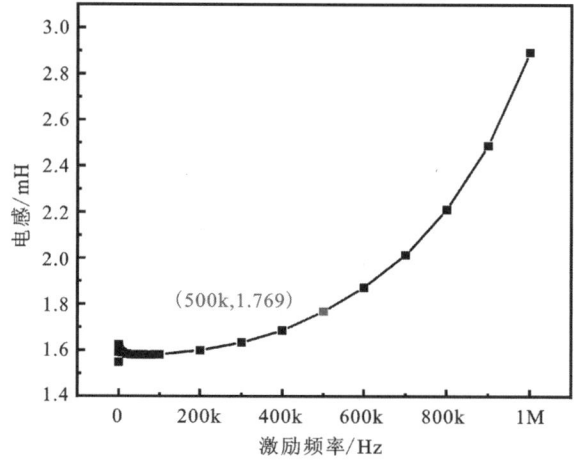

图 4.11 线圈电感值随激励频率变化曲线

根据线圈的电感值,笔者在探头测试部分设计了简单的串联谐振电路,以选择激励频率的信号量,其电路原理图如图 4.12 所示。串联谐振电路谐振频率计算公式为

$$f_0 = \frac{1}{2\pi\sqrt{LC}} \tag{4.9}$$

将 500kHz 激励下测得线圈电感值(1.769mH)和谐振频率 f_0(500kHz),代入式(4.9)可计算得到电容值为 57pF。完成线圈调谐后,以图 4.6 所示实物作为探头测试,其中两个 SMA 接口分别为材料激励输入和线圈输出接口,利用 DDS 信号发生器输出频率为 500kHz,峰峰值为 5V 的交流电压信号激励材料。在地磁场环境下,利用直流稳流电流源和一维亥姆霍兹线圈搭建磁场发生装

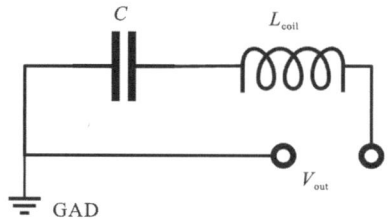

图 4.12 非对角线圈串联谐振电路

置,测试了非对角探头在±480μT 磁场范围的输出曲线,其结果如图 4.13 所示。与对角式探头的阻抗变化曲线相似,非对角式探头在±480μT 磁场范围内展现出的线圈输出电压曲线为双峰对称形状,电压的变化范围约为 180mV。

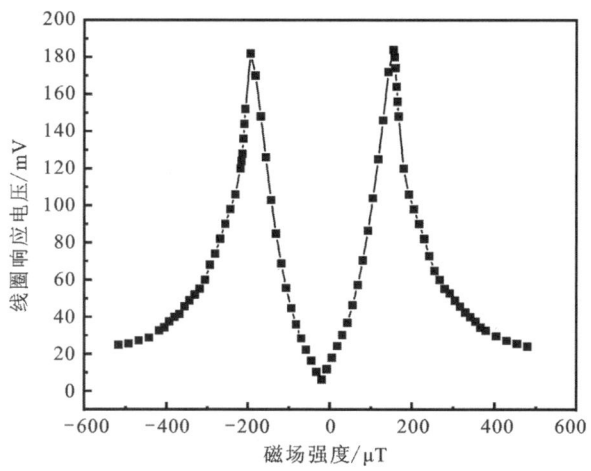

图 4.13　非对角探头输出电压随磁场强度变化曲线

根据非对角探头响应曲线可知,在地磁场环境下,非对角探头响应在亥姆霍兹线圈激励电流为零时最小,且关于零点对称。为了探究在无地磁场干扰情况下探头响应与激励电流频率、幅值和偏置之间的关系,笔者利用磁屏蔽筒对非对角探头进行了测试。通过改变 DDS 信号发生器输出的电压大小改变激励电流幅值,并在磁屏蔽桶中测量了±100μT 磁场条件下激励电流频率、幅值和偏置电流对探头响应的影响。

1. 改变激励电流频率

选择不同的调谐电容,分别选择 400kHz、500kHz、600kHz、1MHz 的激励频率,测试结果如图 4.14 所示。根据测试结果可知,不同的激励频率线圈响应不同,随着频率增大,线圈响应呈现先增大后减小的趋势。

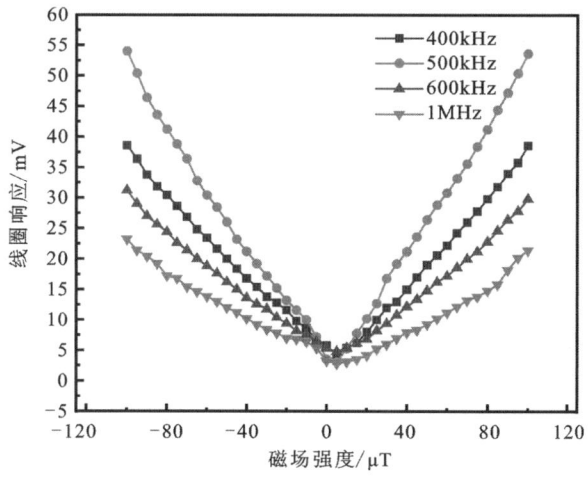

图 4.14　非对角探头不同激励频率线圈响应曲线

2. 改变激励电流幅值

通过改变电阻大小实现激励电流峰峰值的改变,实验测试了峰峰值分别为 40mA、36.8mA、33mA 激励电流的线圈响应,其结果如图 4.15 所示,随着激励电流的增大,线圈响应曲线向上平移,响应电压变大。

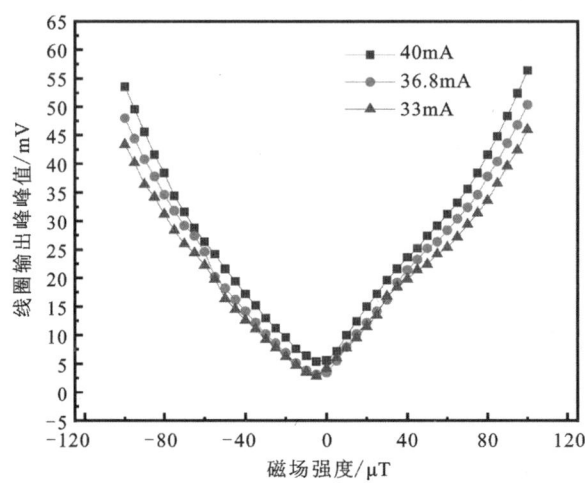

图 4.15 非对角探头不同激励电流峰峰值线圈响应曲线

3. 改变偏置电流大小

通过改变偏置电阻大小改变材料的直流偏置电流,改变材料的工作区,实验测试了 150Ω、200Ω、300Ω 这 3 种阻值的偏置电阻,直流偏置电压为 5V,其线圈响应曲线如图 4.16 所示。随着电阻的增大,偏置电流减小,线圈响应曲线呈现向右平移的趋势。

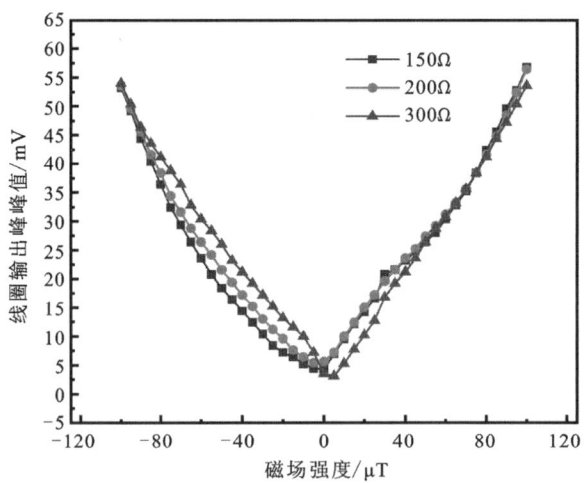

图 4.16 非对角探头不同偏置电流大小线圈响应曲线

不同的激励电流频率、激励电流幅值以及偏置电流大小会影响非对角探头线圈输出响应曲线。激励电流频率越大,线圈响应电压变化越小;激励电流越大,线圈响应电压越大;偏置电流则影响曲线的左右位置,偏置电流减小响应曲线右移。为了得到更好的响应曲线,需要在激励电流频率和大小中适当取值,以提高传感器的线性度和灵敏度,偏置电流的选择影响到传感器的线性度,应尽量将线圈响应最小值偏置到零磁场。根据测试结果,可以选用 500kHz 的激励频率,激励电流峰峰值为 40mA,直流偏置电流为 25mA,该方案线圈响应拥有良好的线性区间,并且响应电压在 $\pm 100\mu T$ 范围内变化较大,方便后续电路的设计和检测。

4.2 GMI 传感器整体电路实现方案

主流的 GMI 传感器可以通过模拟器件搭建,也可以结合模拟器件和 FPGA 进行设计,本节主要介绍模拟 GMI 传感器和数字化 GMI 传感器电路的总体方案。

4.2.1 模拟 GMI 传感器总体设计方案

模拟 GMI 传感器主要包括探头、激励电路和信号处理电路部分。根据信号处理电路结构,可以将 GMI 传感器分为开环 GMI 磁传感器和闭环 GMI 磁传感器,两者的区别在于是否存在反馈。

1. 开环 GMI 传感器设计方案

开环 GMI 传感器主要由 3 部分组成,包括 GMI 元件、激励电路和检测电路。如图 4.17 所示,其中探头和激励电路在前文已详细介绍。检测电路的设计是基于探头输出信号的特性进行的。在高频激励下,GMI 敏感元件的响应为随外部磁场强度大小变化的、与激励信号同频的正弦信号,因此检测探头的幅值即可检测外部磁场强度大小。根据探头输出信号特性,需要设计对应的幅值检测电路,常用的有二极管包络检波和锁定放大电路,该部分将在下文详细介绍。

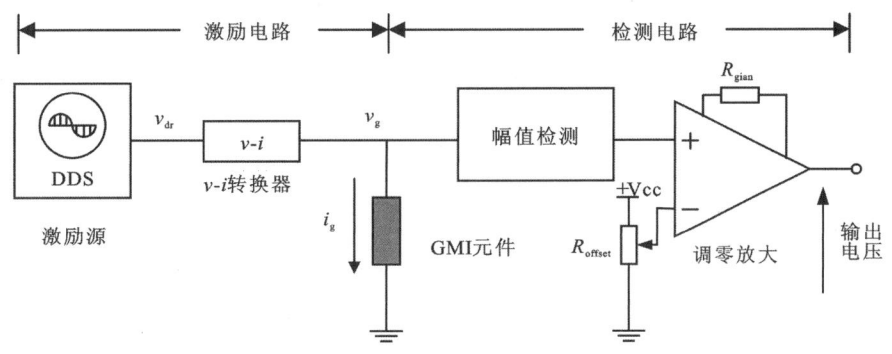

图 4.17 开环 GMI 传感器结构框图

2. 直接驱动的负反馈闭环 GMI 传感器设计方案

直接驱动的负反馈环节主要由两部分构成,包括反馈线圈和反馈电阻,由此构成的闭环的 GMI 传感器电路原理图如图 4.18 所示。反馈电阻一端连接输出电压,将其转换为电流后连接至反馈线圈。反馈线圈绕制在 GMI 元件外部,可产生沿 GMI 元件长度方向的均匀磁场。值得注意的是,反馈磁场、偏置磁场和外磁场方向,均与加载于 GMI 元件的交变电流方向平行。

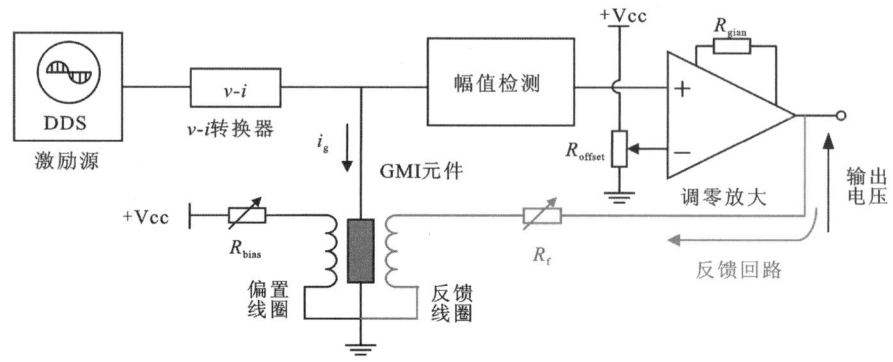

图 4.18 直接驱动的闭环 GMI 磁强计电路

3. 积分驱动的负反馈闭环 GMI 传感器设计方案

通过积分器驱动负反馈环节,是针对上述闭环 GMI 传感器电路的一种改进,以积分器取代"幅值检测"中低通滤波器和调零放大电路,并将积分器输出电压经由反馈电阻转换为电流,驱动反馈线圈,由此构成闭环反馈回路,其结构原理图如图 4.19 所示。

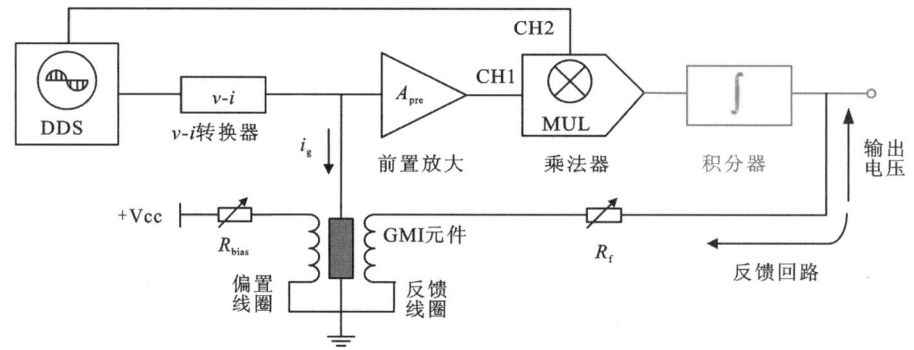

图 4.19 积分器驱动的闭环 GMI 磁强计电路

如图 4.19 所示,在闭环 GMI 磁强计的幅值检测部分,GMI 元件的响应电压 u_g 经过前置放大器进行初步放大,输入到乘法器的待测信号通道 CH1。乘法器根据参考信号通道 CH2 的信号对待测信号进行调制,并将调制后的信号输出到积分器进行解调。积分器的传递函数特征使其同时具备低通滤波、调零和放大 3 个模块功能,取代了前述的低通滤波器和调零放大器。与此同时,积分器选用输出电流能力较强的运放搭建,可直接驱动负反馈补偿电路,构成闭环的 GMI 磁强计。

4. 模拟三轴 GMI 传感器设计方案

模拟三轴 GMI 磁传感器的调理电路的结构,如图 4.20 所示。调理电路主要包括激励电路、v-i 转换电路、前置放大、锁相放大器、差分放大电路以及 AD 转换电路。

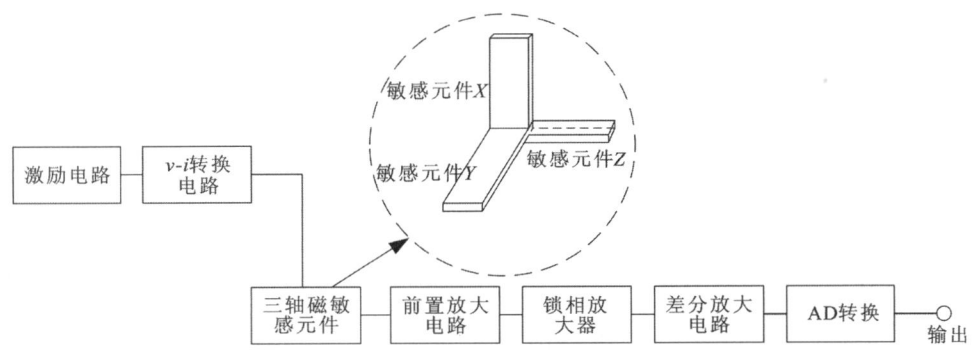

图 4.20　三轴 GMI 磁传感器总体设计框图

激励电路产生 5MHz 的交变电压信号,通过 v-i 转换电路转换成频率相同的交变电流,为互相正交的三轴 GMI 磁敏感元件提供激励。此时,三轴 GMI 磁敏感元件的阻抗值会随着外加磁场的变化而发生变化,进而导致三轴磁敏感元件的响应电压改变。响应电压的信号量大小体现出敏感元件内部阻抗值的大小,如此便实现了对外加磁场大小的传感。为了提高电路的输入阻抗以及对信号进行前级放大,笔者引入了前置放大电路。放大后的响应电压接入由"乘法器"和"低通滤波器"构成的锁相放大器电路中,此时响应电压信号是包含外磁场信息的 5MHz 正弦波。通过乘法器处理后,该信号转换为 10MHz 的正弦信号以及直流分量,随后低通滤波电路将 10MHz 信号滤除,只保留直流分量。基于测量要求,由于静磁状态下的地球磁场信号变化程度不大,直流信号便能够反映出微弱的地磁异常变化。在不施加外加磁场时,材料本身也存在阻抗值,这就会导致外磁场为零时的直流分量输出并不为零,为了检测磁场改变时的直流分量变化值,需要接入差分放大电路。差分放大电路一方面可以将材料本身阻抗值对应的电压初始值抵消,另一方面能对直流分量的改变量进行后级放大。这样既满足了信号采集装置的要求,又能保证调理电路输出的电压值与外磁场呈"过零"的线型关系。差分放大器输出的信号经过 AD 转换,作为传感器的最终输出。

4.2.2　数字化 GMI 传感器总体设计方案

数字化 GMI 传感器是指利用 FPGA 对 GMI 传感器的激励电路和信号处理电路进行数字化编程实现的传感器。这种传感器可灵活编程,同时具备数字化接口,可以与上位机进行通信。除此之外还,它可以克服模拟电路器件老化和温度漂移的固有缺陷,因此拥有更广阔的应用前景。

1. 数字化静磁测量 GMI 传感器

分析 GMI 传感器探头工作原理及其输出信号特性可知,信号调理部分可使用类似幅度调制解调相关结构,通过响应信号与激励信号的相关性可检测出外部磁场信息。传感器系统主要分为激励产生与信号检测两个模块,其中激励产生部分由 DDS 芯片与电压-电流(v-i)转换器构成,提供满足要求的高频电流激励信号;信号检测部分由前置放大器、ADC 模块、数字相关检测器、DAC 模块构成,此部分实现了敏感材料响应信号的放大、信号提取、检测结果输出的功能。

传感器实现相关性检测主要包含敏感元件激励部分设计与信号检测部分,对应的结构框图如图 4.21 所示。同时,还需要设计相应的供电电路对系统进行供电。下面将对各个模块实现细节进行阐述。

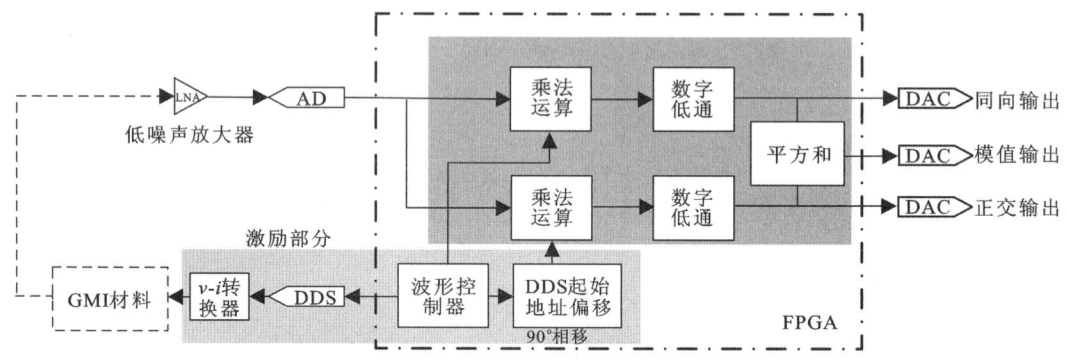

图 4.21 数字 GMI 磁传感器结构示意图

2. 数字化交变磁场测量 GMI 传感器

利用 FPGA 平台设计实现 GMI 传感器的信号处理电路可以带来非常灵活的设计,当测量对象是交变磁场时,可以根据探头响应信号做出对应的程序设计。在交变磁场下,外部磁场强度对应的电压信号被 GMI 传感器探头耦合到高频激励信号上,经放大输出后的信号为双边带幅度调制信号。为了获取外部磁场强度信号,需要对硬件电路输出信号进行解调,将幅值与载波分离,同时测量分离出信号的幅值与频率等信息。本部分主要利用 FPGA 完成传感器输出信号的解调和幅值测量,其信号处理程序结构框图如图 4.22 所示,主要包括相干解调、降采样、等精度测频和正交锁定放大 4 个部分。

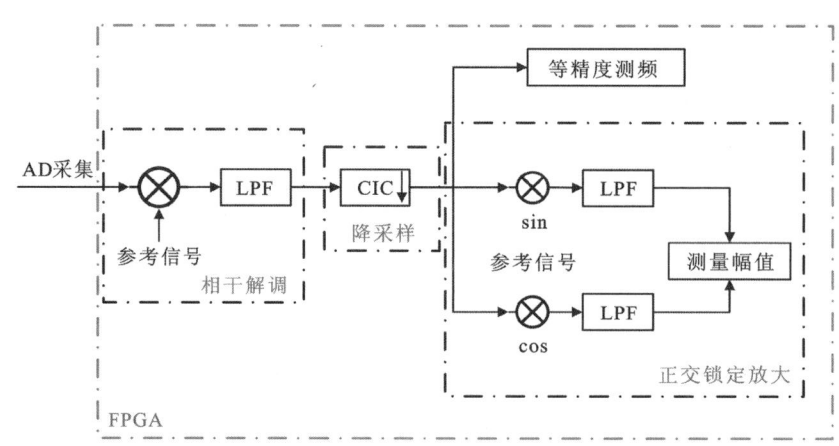

图 4.22 数字化交变磁场测量信号处理程序框图

4.3 GMI 传感器激励电路设计

激励电路的作用是产生高频的激励电流来驱动巨磁阻抗敏感元件。对于产生高频脉冲激励信号,目前常见的方法有 ColPitts 振荡电路、RLC 振荡电路、DDS 芯片、有源晶振及集成门电路振荡器。ColPitts 振荡电路和 RLC 振荡电路实现起来相对简单,也能产生高频信号,但产生的信号频率不稳定,整个电路的激励效果会大受影响。虽然 DDS 芯片(蒋峰等,2009)本身能够产生高频率、高稳定性的信号,但不具备电流驱动能力,需要对输出信号进行电压电流转换,转换过程受到高频限制,实现过程相对复杂。有源晶振也能够产生高精度的高频信号,但外界环境和使用场合会极大程度地限制它的使用。而集成门电路在功能上能够产生频率范围宽且精度高的激励信号,电路相对简单易于实现。不同的激励电路实现方式有不同的优缺点,本节将介绍几种常用的激励电路。

4.3.1 模拟与集成器件搭建的激励电路

1. 窄脉冲与方波激励电路

图 4.23 和图 4.24 是采用集成门电路方法设计的窄脉冲激励电路和方波脉冲激励电路。

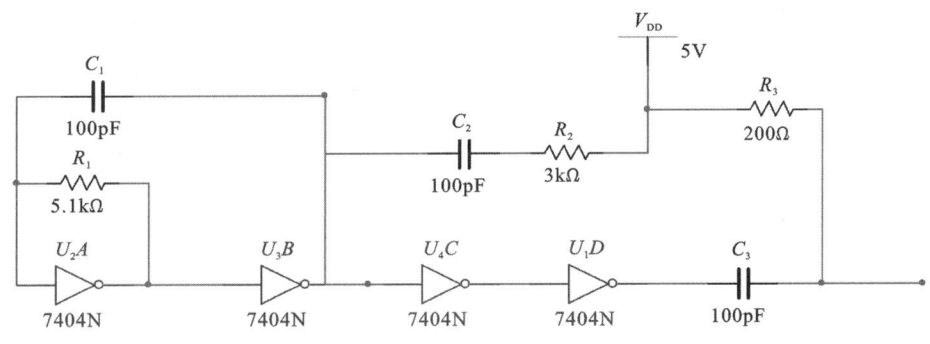

图 4.23 窄脉冲激励电路

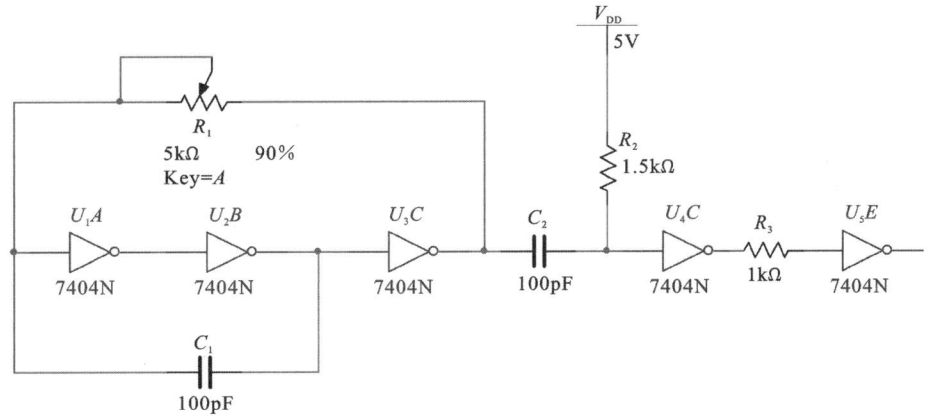

图 4.24 方波脉冲激励电路

电路采用的芯片是一款高速 CMOS 六反相器 74AC04，该芯片采用亚金属硅栅和双层金属布线技术制作而成。74AC04 内部带有缓冲门输出，能够提供高度抗干扰性和稳定的输出，具有较宽的工作电压范围(2～6V)，性能优异。所以本书的噪声激励电路采用的是 74AC04 芯片来实现电路设计的。

在图 4.24 中，方波脉冲激励电路由 3 部分组成。反相器 U_1A、U_2B、U_3C，可调电阻 R_1 和电容 C_1 构成多谐自激振荡电路。该部分电路主要控制整个激励电路的频率，电路的振荡周期可以用公式 $T \approx 2.2RC$ 计算。反相器 U_4D、U_5E 以及 R_3 对振荡输出的波形进行整形，使电路能够输出脉冲方波。R_2 和 C_2 构成微分电路。

2. LC 振荡电路

LC 振荡电路也就是俗称的谐振电路，主要包括电感以及电容两部分。一般情况下，它主要被用作存储在电路反复振荡时产生的功率，其中最为常用的是 Hartley 振荡电路，其具体的原理如图 4.25 所示。

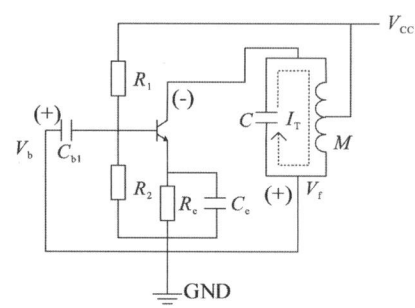

图 4.25 Hartley 振荡电路原理图

图 4.25 中，C_{b1} 是耦合性电容，当它们接收到振荡信号时会呈现短路的状态。V_{CC} 作为耦合电压，主要目的是将高频扼流圈与集电极进行连接。扼流圈的主要目的是防止短路现象的出现，功率较低时，我们会采取一个固定电阻来替代它。电路的起振频率为

$$f = f_o \approx \frac{1}{2\pi\sqrt{(L_1 + L_2 + 2M)C}} \quad (4.10)$$

Hartley 电路最主要的优势在于它与大部分电路的振幅、频率、功率都能够无缝衔接，只要科学编排 L_1、L_2 二者的数值，就能够轻而易举地进行振荡。劣势在于抗干扰能力较差，波形以及信号数据传输效果不强。而 GMI 元件对激励电路的信号质量要求较高，因此这种方法在磁传感器设计中是无法满足要求的。

3. RC 振荡电路

文氏电桥(Wien-bridge)振荡电路是应用极其广泛的一种 RC 振荡电路，其电路原理图如图 4.26 所示。该电路由两部分组成，选频网络的目的是为输入选取合适的频率，进而满足电路的测量带宽的需求。放大电路由同相比例运算放大器构成，由于集成运算放大器的输入阻抗可以当作无穷大，而对应的后级电路的输出阻抗很低，能够满足电路的阻抗匹配。由图 4.26 可知，电阻电容形成一个惠斯通电桥，电路的连接线顶点对应到后级运算放大器的输入接口。电路起振频率为

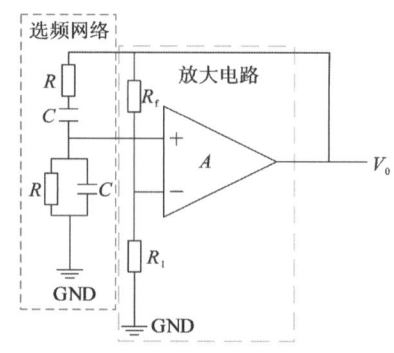

图 4.26 Wien-bridge 振荡电路原理图

$$f_o = \frac{1}{2\pi RC} \tag{4.11}$$

Wien-bridge 振荡电路的主要优点是信号的分辨率高、波形几乎不会出现失真，缺点是信号的频率最多只能达到几百千赫，可以用于低频激励的 GMI 敏感材料。

4. 石英晶振电路

石英晶振电路原理如图 4.27 所示。合理配置运算放大器的反馈电阻能够将电路锁定在线性工作区，频率大小由晶振的起振频率决定。

石英晶振电路由于等效电感很大，等效电容又很小，使得等效品质因数极高，其他元件和杂散参数对振荡频率的影响极其微弱，所以频率稳定

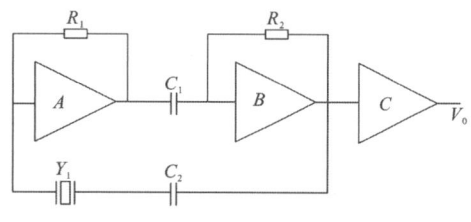

图 4.27　石英晶体振荡电路原理图

度很高。但是石英晶振电路是无源晶振电路，需要在外围搭建适配电路才能振荡，增加一级电路会给传感器引入更多的噪声，且电子元器件的消耗也会增加。

4.3.2　DDS 信号发生器与 $v\text{-}i$ 转换

模拟电路从 Colpitts 振荡器和 FET 多谐振荡器发展到具有集成电路优势的 CMOS IC 多谐振荡器，标志着其从分立元件搭建向集成化发展，同时也向着低噪声、小型化的发展。DDS 技术可以有效避免振荡器的缺陷，同时具有集成化特点，且输出信号的频率、幅度和相位精度高，信号稳定，可软件编程控制，调节灵活，在 GMI 传感器的设计和优化中具有广阔的应用前景。由于 GMI 敏感元件需要电流激励，因此 DDS 信号发生器需要配合 $v\text{-}i$ 转换电路设计实现，本节主要介绍通过 DDS 芯片和 FPGA 实现 DDS 信号发生器以及 $v\text{-}i$ 转换电路的设计。

1. 基于 AD9959 的 DDS 模块

本节采用的激励源为 AD(Analog Devices)公司的 DDS(Direct Digital Synthesizer)模块，型号为 AD9959。它的内部包含 4 个独立的 DDS 内核，每个内核配备有 1 个 10 位的 DAC 转换器，可产生 4 路频率、相位和幅度相互独立的正弦信号。此外，所用通道共用 1 个系统时钟，保证了通道间信号的同步。AD9959 评估板的实物图如图 4.28 所示。

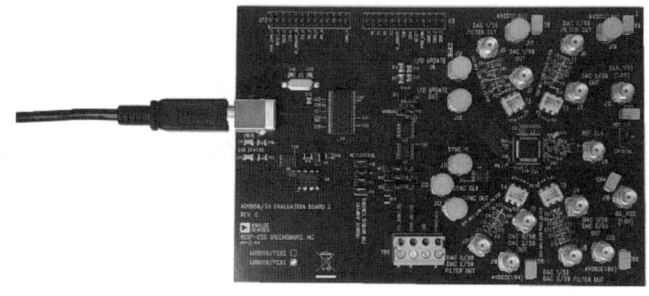

图 4.28　AD9959 评估板实物图

在 DDS 技术中，输出信号的频率分辨率主要取决于频率控制字（frequency tuning word, FTW）位数 N 和参考信号频率 f_{REF}，即

$$f_{out} = \frac{FTW}{2^N} \cdot f_{REF} \qquad (4.12)$$

使用较高的参考信号频率可保证较宽的输出信号频率范围。AD9959 评估板使用的外部晶振频率为 25MHz，设置内部倍频器的倍数为 20，获得系统的工作时钟为 500MHz，对应 AD9959 的最高系统工作时钟。其中，FTW 位数 $N=32$，参考频率 $f_{REF}=500$MHz，代入式（4.12）可计算 AD9959 模块的频率分辨率 f_{min} 约为 0.1Hz。当输出频率为 5MHz 时，对应的相对误差 η_f 为

$$\eta_f = \frac{0.1\text{Hz}}{5\text{MHz}} \times 100\% = 0.02 \times 10^{-6} \qquad (4.13)$$

在 AD9959 中，DDS 内核输出的数字信号，通过 10 位的 DAC 转换为模拟电压信号。DAC 的参考电压为 $V_{REF}=2.5$V，位数为 $N_{DAC}=10$，由此可计算得到 DAC 转换器的量化误差 η_A 为

$$\eta_A = \frac{V_{REF}}{2^N} = \frac{2.5}{2^{10}}(\text{V}) = 0.002\text{V} \qquad (4.14)$$

DDS 的相位误差主要来源于相位截断误差。由 DDS 原理可知，系统时钟一定时，输出信号的频率分辨率和相位累加器的位数 N 成正比。为了实现较大的频率分辨率，方法之一是增大相位累加器 N 的取值。但如果全部将相位累加器的 N 位输出全部用于波形查找表寻址，则对应的表的容量为 2N，取值通常很大。因此，在实际应用中，通常截取其中高 M 位来寻址波形查找表，剩余低（N-M）位舍弃不用，从而产生相位截断误差。截断误差的大小与输出频率的大小有关，如图 4.29 所示。

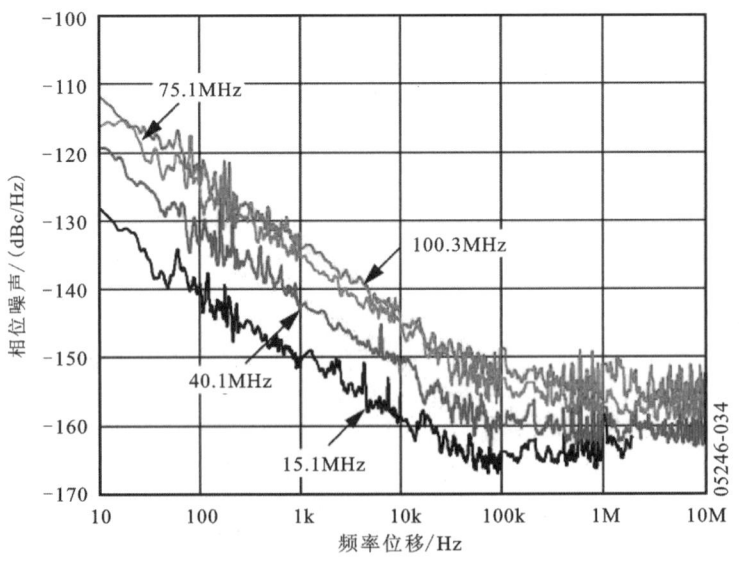

图 4.29 相位截断误差与输出频率的关系

由图 4.29 可知，AD9959 的相位截断误差随着输出频率的增加而增加，说明频率越高，截

断误差引起的相位噪声越大。此外,对应固定的输出频率,频率偏移越小,相位噪声的抑制效果越差。本书中应用频率为 5MHz,对应的相位噪声为 168dBc/Hz,此参数是 DDS 激励源噪声计算的重要依据。

2. 基于 FPGA 的 DDS 信号发生器

用于激励敏感材料工作的频率和幅值恒定的交变电流信号由模拟电压信号经 v-i 转换电路产生得到。通常,模拟电压信号的产生会采用晶体振荡电路和谐振电路的方式,该方式具有较好的选频性能,电路中的电阻与寄生参数对振荡频率影响较小,具有较高的频率稳定度,但该方式的实现需要搭建相关的外围器件电路,增加了电路的复杂度。为了提高 GMI 传感器的数字化程度,简化 GMI 传感器模拟电路设计,在 GMI 传感器激励信号的产生上,笔者采用直接数字式频率合成器(DDS)配合 DA 芯片的方式,通过 FPGA 来实现可编程式的信号发生器,在不降低激励信号质量的情况下,提高系统的灵活性和数字化程度。

基于 FPGA 实现 DDS 信号发生器通常有两种方式,分别为 ROM 查表法和 CORDIC 算法。这两种方式的原理不同,在 FPGA 上实现的方式也有所区别。ROM 查表法是利用 ROM 存储一个完整周期的离散正弦波数据,相位累加器在时钟驱动下反复累加频率控制字得到 ROM 的地址值,从而输出对应地址的波形数据,输出连续的正弦波。CORDIC 算法则通过旋转角度无限逼近的方式得到信号值。两种方式的优缺点很明显,ROM 查表法需要占用更多的资源,但拥有更高的精度,而 CORDIC 算法精度较差,但在 FPGA 实现中占用资源极少。本书中 FPGA 资源较为丰富,因此首先选择 ROM 查表法实现 DDS 信号发生器。

本书选用的 FPGA 芯片为 Altera 公司设计的 Cyclone V 5CSEMA5,采用友晶科技设计的 DE1-SoC 开发板进行 FPGA 的开发,系统时钟频率为 50MHz。在 ROM 查表法的实现上,可采用两种方式,分别是纯 RTL 文本语法开发和 IP 核开发。由于集成 IP 的便捷性,采用 Quartus 软件中集成的数控振荡器(NCO)IP 设计实现 DDS。在 Quartus 软件中添加 NCO IP 模块,完成参数配置,参数包括相位累加器位宽、输出数据位宽、相位精度位宽、参考时钟频率、频率控制字等。

在 DDS IP 的配置中,主要考虑 DA 芯片的参数,本书选用的 DA 芯片的转换速率为 125MSPS,转换位数为 14 位,因此 DDS IP 参数中参考时钟频率选定为 125MHz,输出数据位宽为 14 位,相位累加器位宽为 32 位,其中 125MHz 时钟频率可通过锁相环模块(PLL)产生,根据相位累加器位宽 32 位和参考频率 125MHz 可计算出频率精度约为 0.029Hz,满足设计需求。以输出激励频率 500kHz 为例,可计算得到频率控制字为 17 179 569,完成 IP 核的例化可对 DDS 的数字输出进行仿真测试,其仿真结果如图 4.30 所示。

DDS 信号发生器设计的最后环节为 DA 转换,即将 NCO 输出的数字信号转换为模拟电压信号,该部分通过 DA 转换芯 DAC9767 实现。DAC9767 为双通道 14 位精度、转换速率为 125MSPS 的高转换速率 DA 芯片,其芯片手册给出了芯片转换时序,如图 4.31 所示。

根据时序图可知,DAC9767 工作需要两根时钟线以及 14 位数据输入线,该芯片为全并行的通信接口,时钟线 WRT 控制信号的读取,在 WRT 上升沿数据输入保持稳定,输入的数据在 CLK 时钟的上升沿转换为电流信号输出,该转换相对于 WRT 时钟延迟一个周期,WRT

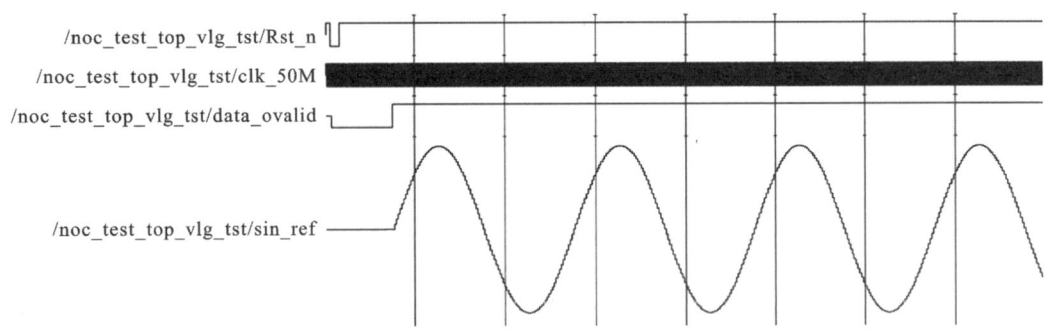

图 4.30　NCO IP 输出 500kHz 仿真结果

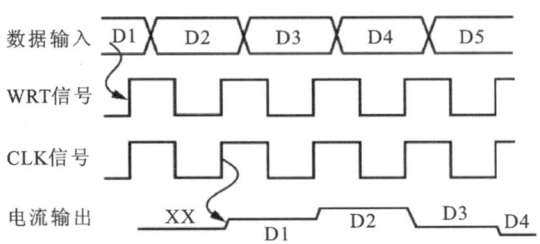

图 4.31　DAC9767 转换时序图

与 CLK 时钟频率一致,且与芯片的转换速率(125MHz)相等。DA 芯片与 FPGA 开发板通过通用 IO 口连接,采用统一的 LVCMOS3.3V 电平标准。

由于传感器设计中需要考虑不同幅值的激励信号的响应效果,笔者在 DA 转换电路输出部分设计了调幅电路,通过增益电阻控制 DA 转换输出模拟电压信号的幅值,电路设计原理图如图 4.32 所示,电路由两级运放构成,第一级运放电路的输入为 DAC9767 输出的差分电流信号,该电流信号经运算放大器转换为单端输出。以 DAC9767 输出最大差分电流 20mA 输入时分析,第一级输出电压为±1V,经过第二级带可调增益的反向放大电路可将输出电压放大至±5V,满足传感器激励信号幅值需求。

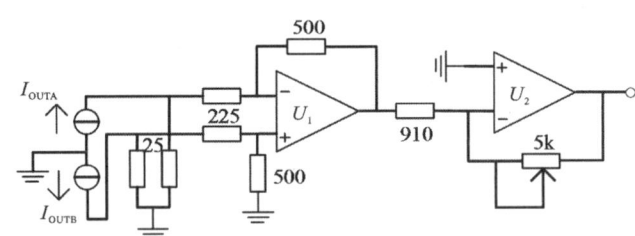

图 4.32　DAC9767 信号调幅电路原理图

经 DAC9767 转换得到的电压信号可通过示波器测量其信号峰峰值和频率,同时验证其调幅电路,其测量结果如图 4.33 所示。

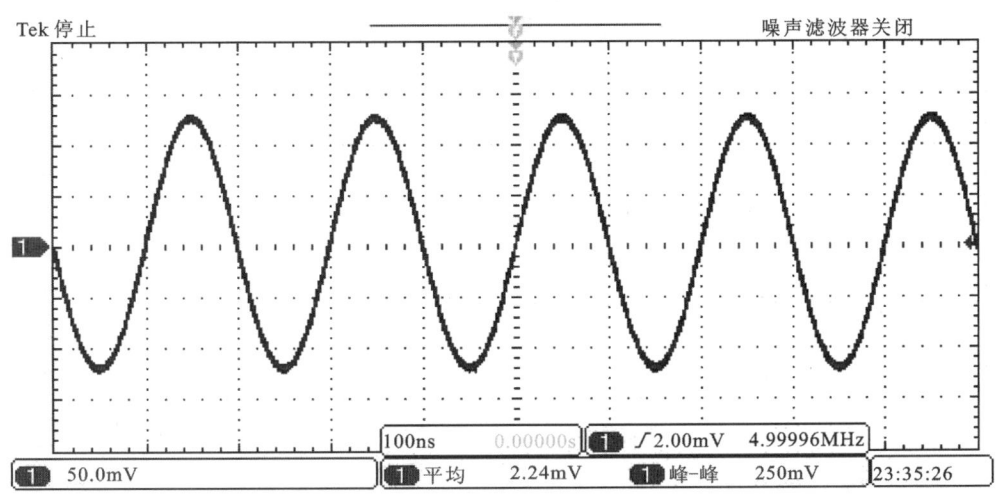

图 4.33 DAC9767 转换得到的模拟电压信号波形图

3. v-i 转换电路

v-i 转换器的作用是将 DDS 源输出的交流电压信号，转换为幅度可调的交流电流信号，对 GMI 元件进行激励。其中，输入交流电压的频率为 5MHz，峰峰值为 1V，而根据 GMI 元件磁性能的测试结果，较优的激励电流幅度为 10mV。

根据上述要求，采用基于电流泵的 Howland 电路的原理设计 v-i 转换器，方案设计如图 4.34 所示。

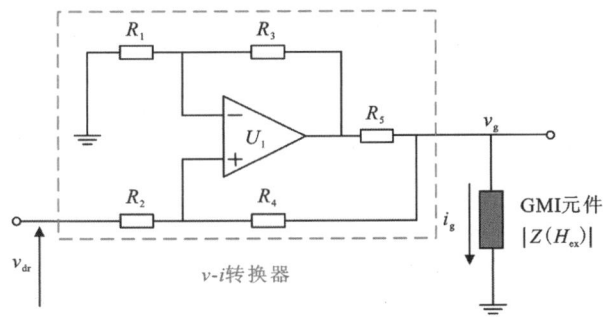

图 4.34 基于 Howland 电路原理的 v-i 转换器原理图

如图 4.34 所示，电路采用宽带运放 U_1（OPA842），搭建差分放大电路。其中，电阻 $R_1 \sim R_5$ 取值满足对称关系，即 $R_1/R_3 = R_2/(R_4 + R_5)$，且 $R_4 \gg R_5$，利用电路分析方法，可对图 4.34 所示电路输出电流与输入电压关系进行求解，即

$$i_g = \frac{v_g}{|Z(H_{ex})|} = \frac{R_3}{R_1} \frac{1}{R_5} \cdot v_{dr} \tag{4.15}$$

由式(4.15)可知，流经负载的电流 i_g 仅与固定电阻 R_1、R_3、R_5 的阻值和输入电压 v_{dr} 的大小有关，而与负载 $|Z(H_{ex})|$ 的大小无关。将 R_1 一端接地，配比合适的电阻值，可以进一步简化输出表达式，由此实现 v-i 转换。

运放选用宽带放大器 OPA842，其增益带宽积（gain-bandwidth product，GWP）典型值为 200MHz，在设置增益 Gain＝10 时，带宽为 20MHz，满足信号 5MHz 带宽要求。此外，其等效噪声电压密度低至 $2.6\text{nV}/\sqrt{\text{Hz}}$，满足 v-i 转换器低噪声的设计需求。

为了提高输出电阻，保证输出电流不受 GMI 元件阻抗大小的影响，该 v-i 转换器可做进一步改进设计，如图 4.35 所示。将负载端电压采样经过另一个宽带运放 U_2（OPA842）作跟随反馈给 R_4。这样可以保证反馈信号不受输入信号的直接影响。在图中，U_1、U_2 均引入了负反馈，前者构成差分放大器，后者构成电压跟随器。

图 4.35 改进型的 v-i 转换器电路原理图

比较图 4.34 和图 4.35，R_4 所在的反馈回路将输出电压反馈到 U_1 的同相输入端，使之构成稳定的闭环回路。但若直接将输出电压取样通过 R_4 反馈，在计算运放的输出阻抗时需考虑 R_4 和 R_2 的影响。而通过加入电压跟随器进行阻抗匹配，有效隔离了输出电压的取样对输出电阻的影响，在保证闭环负反馈的同时提高了输出阻抗的稳定性。

4.4 GMI 传感器放大电路设计及信号处理

GMI 敏感元件在高频激励下随磁场强度大小变化而输出的电压较小，一般为几十毫伏，因此通常前置放大电路将信号进行放大，再进行信号检波的工作，针对不同种类的 GMI 传感器探头，其放大电路基本上是通用的，本节主要介绍两种前置放大电路供读者参考。

4.4.1 同相前置放大电路

在激励电路对敏感元件完成激励的条件下，外部磁场变化使得敏感材料自身阻抗值发生改变，进而导致敏感材料响应电压峰值产生相应的变化，由 GMI 敏感材料特性可知，此时的信号量幅值极其微弱，前置放大器的存在一方面能够提升信号采集的阻抗以保证后级电路能够高效利用响应信号，另一方面能够对微弱的响应信号做幅值放大，满足后级采集电路对信号幅值的要求。

基于敏感元件电流型激励的特点，选用同相放大器的方法构建前置放大电路，电路具有高输入阻抗的特点，保证了激励电流全部流向 GMI 元件以提升激励效率。前置放大器的原理图如图 4.36 所示，其增益表达式为

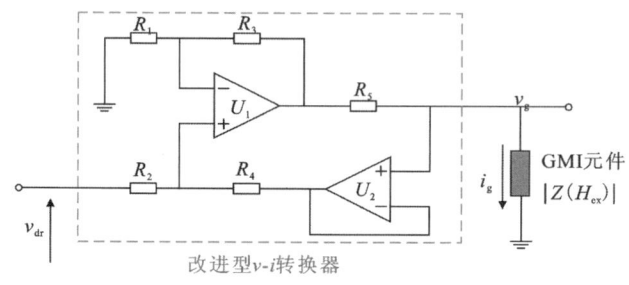

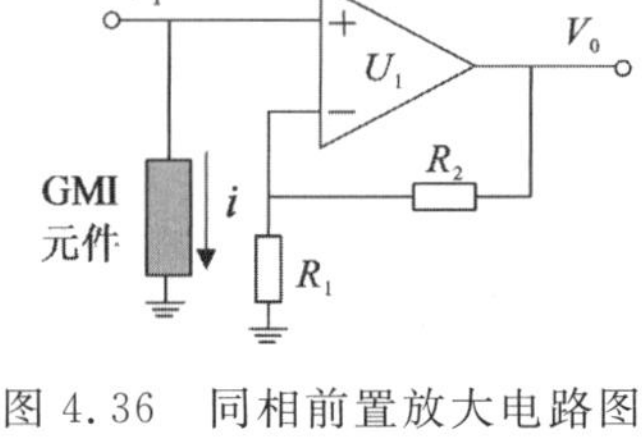

图 4.36 同相前置放大电路图

$$A_v = 1 + \frac{R_2}{R_1} \tag{4.16}$$

根据后续电路信号处理需要,将放大器的增益设置在17倍左右,配比合适的增益电阻值即可实现增益调节,移除GMI敏感元件并使用信号发生器产生一个频率为5MHz、峰峰值为76mV的交变电压信号,使用示波器连接电路输入与输出端,测量结果如图4.37所示。其中,示波器通道1为信号发生器产生的交变电压信号的波形,频率为5MHz,峰峰值为76mV,通道2为前置放大器的输出波形,峰峰值为1.3V,相对于输入信号幅值,输出信号放大了约17.1倍且波形未发生明显失真满足预期需要。

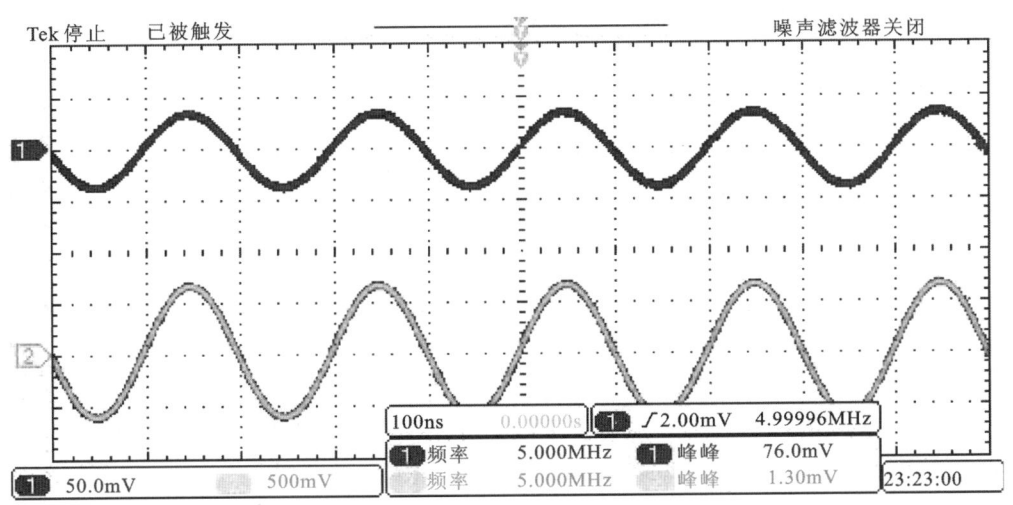

图4.37 前置放大电路输入输出波形

4.4.2 差分前置放大电路

DDS产生的信号经v-i转换电路之后转变为频率一致的交变电流施加在GMI元件上。此时,元件的内部阻抗值发生改变,进而导致两端的响应电压值出现波动,但此时的信号量幅值极其微弱。为了处理这些微弱信号,前置放大器被设计用来抬高电路的输入阻抗,以保证阻抗匹配,并对微弱的信号波动量进行前级放大,以满足后级电路的检测需求。基于三轴敏感元件的激励机制,我们选择用仪用放大器来搭建前置放大电路,可以保证该级电路的高输入阻抗。前置放大器的原理图如图4.38所示。其中运放U_1、U_2按同相输入接法,U_1的正相端与v-i转换电路的输出相连,反相端外接增益电阻的一端;U_2的正相端接地,反相端接入增益电阻的另一端。这两个运放的输出再分别连接进运放U_3的两个输入端,构成第二级差分放大电路,有效地提高了电路的共模抑制比,优化噪声水平。

在第一级电路中,V_1、V_2分别加到U_1、U_2的同相端,R_1和两个R_2组成的反馈网络,引入了负反馈,运放U_1、U_2的两输入端形成"虚短"和"虚断",因此有

$$v_3 - v_4 = \frac{2R_2 + R_1}{R_1} v_{R_1} = (1 + \frac{2R_2}{R_1})(v_1 - v_2) \tag{4.17}$$

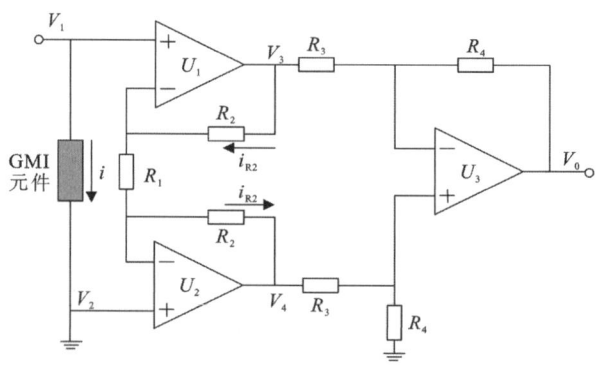

图 4.38 差分前置放大电路图

根据第二级差分放大电路的"虚短"和"虚断",可以得到

$$v_\text{o} = -\frac{R_4}{R_3}(v_3 - v_4) = -\frac{R_4}{R_3}\left(1 + \frac{2R_2}{R_1}\right)(v_1 - v_2) \qquad (4.18)$$

联立式(4.17)与式(4.18)可以得到电路的电压增益为

$$A_\text{v} = \frac{v_0}{v_1 - v_2} = -\frac{R_4}{R_3}\left(1 + \frac{2R_2}{R_1}\right) \qquad (4.19)$$

根据后级电路的需求,前置放大器的增益在 10 倍左右,从式(4.19)可以看到电压增益和 R_1、R_2、R_3、R_4 的取值有关,为了更好地确定增益,直接给定 R_2、R_3 和 R_4 的电阻值,R_1 用可变电阻来代替,这样调节 R_1 的值,即可改变电压增益 A_v。

通过示波器的观测结果能够有效验证前置放大电路的性能,信号发生器产生一个频率为 5MHz,峰峰值为 120mV 的交变电压信号连接到 V_1 处,V_o 与示波器相连接,信号的变化示意图如图 4.39 所示。其中 1 号信号线为信号发生器产生的交变电压信号的波形,频率为 5MHz,峰峰值为 120mV,2 号信号线为前置放大器的输出波形,频率为 5MHz,峰峰值为 1.20V,与输入信号相比,幅值被放大了 10 倍,频率没有改变,说明前置放大器能够满足设计需求。

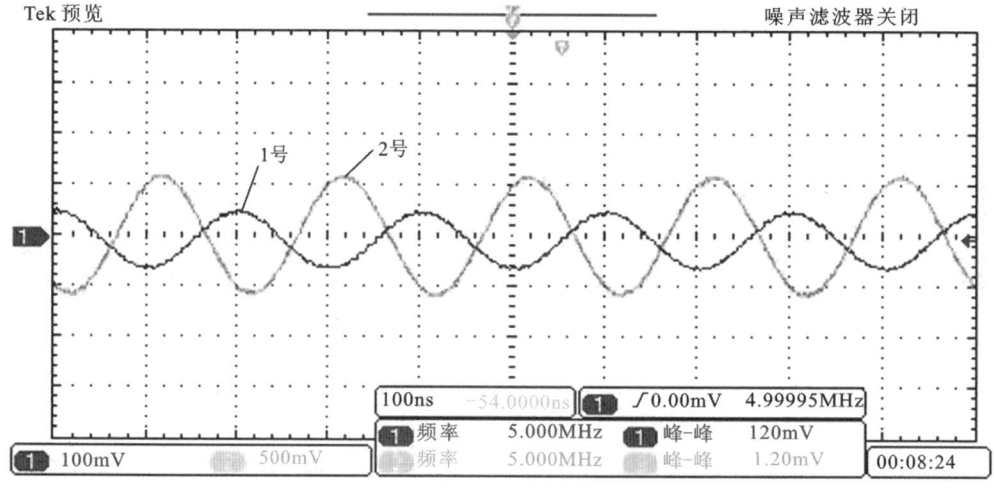

图 4.39 差分前置放大电路输入输出波形

4.4.3 基于模拟器件的信号处理电路设计

信号经过前置放大器之后,得到的响应电压信号包含外磁场的变化信息。为了使传感器的输入输出呈现线性关系,笔者希望得到与外磁场信息有关的直流量来体现传感器的最终输出。这样传感器的输入输出能够呈现出一一对应的直观效果。常用于 GMI 磁传感器调理电路设计的有二极管峰值检波电路和基于锁相放大电路检波电路。

1. 二极管峰值检波电路

二极管峰值检波电路主要由二极管、电阻和电容搭建而成,是最常用的无源整流方法。由于其具有简洁、廉价且易实现的特点,受到众多使用者的青睐。Mohri 等(2002)最先通过二极管峰值检波方法,搭建了 GMI 传感器电路,如图 4.40 所示。以长度为 2mm 的非晶丝材料作为探头,以 CMOS IC 多谐振荡器作为激励,设计了 GMI 磁传感器,其直流磁场和交流磁场的检测灵敏度分别为 $1\mu Oe(dc)$ 和 $100\mu Oe(ac)$,检测范围为 $\pm 3Oe$,响应速度为 1MHz,功耗约为 10mW。

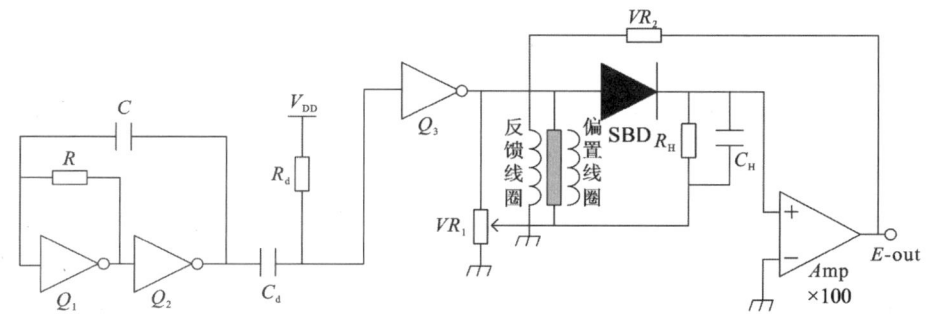

图 4.40 二极管检波电路示意图

图 4.40 中,SBD 为肖特基二极管,与电阻 R_H,电容 C_H 组成半波整流电路。由于二极管的单向导电性,敏感材料两端的交变电压经过二极管,变成幅度全为正的半波信号,后经 RC 滤波电路,输出电压大小与交变电压幅值成正比,实现峰值检测。偏置线圈的加入,可将材料的敏感区域偏移至零磁场附近,提高弱磁检测的灵敏度。而反馈回路的引入可避免二极管导通阈值的影响,减小输出的非线性误差。

基于二极管的峰值检波器电路能够检测出 GMI 元件上的响应电压,但受限于二极管的非线性和温度漂移,误差较大。设计的三轴 GMI 磁传感器是针对野外地磁探测这一应用背景,对精度的要求较高,因此该方案不适用于三轴 GMI 磁传感器调理电路的设计。

2. 基于锁相放大电路检波电路

基于锁相放大电路检波的电路示意图如图 4.41 所示。核心元件是乘法器和低通滤波器,$x(t)$ 为前置放大器电路增益之后的信号,频率为 5MHz,$r(t)$ 为参考信号,由 DDS 信号发生器来产生,二者的频率必须一致,通过乘法器处理之后输出 10MHz 的正弦波信号和与被测磁场有关的直流信号,接下来再通过二阶低通滤波器只保留直流分量。

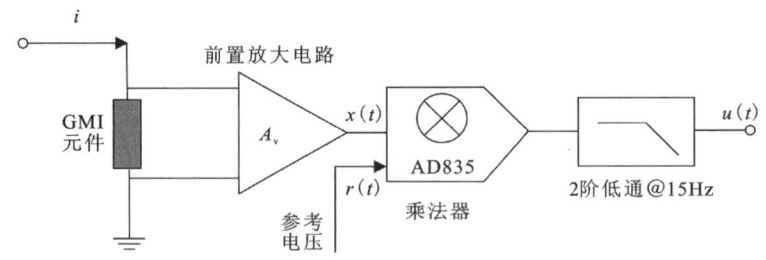

图 4.41 锁相放大器检波原理示意图

乘法器 AD835 的输出是它的两路输入信号的乘积,即

$$u(t) = x(t)r(t) \tag{4.20}$$

设被测调制信号为

$$x(t) = V_s \cos(w_o t + \theta) \tag{4.21}$$

式中:V_s 为被测调制信号的幅值。

参考输入为

$$r(t) = V_r \cos(w_o t) \tag{4.22}$$

式中:V_r 为参考输入信号的幅值。

在式(4.21)和式(4.22)中,w_o 是两路输入信号的频率;θ 是两路输入信号之间的相位差。

将式(4.21)和式(4.22)代入到式(4.20)中可以得到

$$\begin{aligned} u(t) &= x(t)r(t) = V_s \cos(w_o t + \theta) V_r \cos(w_o t) \\ &= 0.5 \cos V_s V_r \cos\theta + 0.5 V_s V_r \cos(2w_o t + \theta) \end{aligned} \tag{4.23}$$

式(4.23)中,前一项为乘法器输出的直流分量,后一项为输出信号中的 2 倍频分量。式(4.23)说明,经过乘法器以后,原来频率为 5MHz 的信号的功率谱被转移到了两个频段,如图 4.42 所示。在经过乘法器之后,信号的功率谱密度的形状保持不变,其幅值的变化主要由两路输入信号的幅值共同决定。

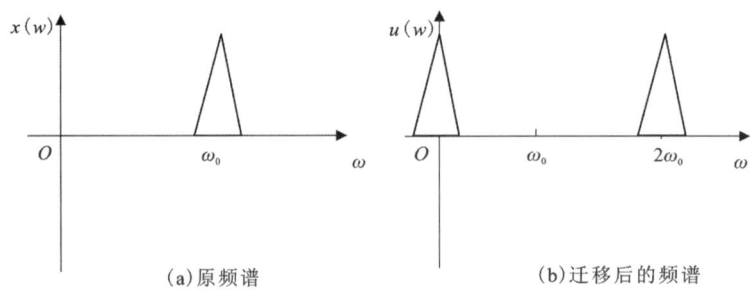

(a) 原频谱　　　　　　　　　(b) 迁移后的频谱

图 4.42 锁相放大器实现的频谱迁移

锁定放大器的输出 $u(t)$ 经过图 4.41 中的低通滤波器后,式(4.23)中频率为 $2w_o$ 的和频分量被滤除,只保留了所需要的直流分量,得到的输出为

第 4 章 GMI 传感器探头设计与电路实现

$$u(t) = 0.5V_s V_r \cos\theta \tag{4.24}$$

式(4.24)说明,信号在经过低通滤波器之后,与两路输入信号的幅值以及它们之间相位差有关。由于经过 v-i 转换电路以及前置放大器电路以后,调理电路再没有引入电容、电感等储能元件,因此信号的相位差保持一致,不会产生偏移,也就是说我们只需要提取出当前的低通滤波器的输出作为传感器的输出信号即可,不用考虑相位的影响。

乘法器电路芯片选择 AD835。芯片的带宽增益积高达 250MHz、输入阻抗为 100kΩ 2pF、噪声水平仅 $50\text{nV}/\sqrt{\text{Hz}}$。通过 DDS 以及示波器对该模块进行测试,DDS 信号发生器产生两路频率、相位均一致的交变电压信号,分别作为待调制信号以及参考信号接入 AD835 芯片的两个输入端,两路信号通过乘法器后的输出信号波形如图 4.43 所示,可以看到输出信号的频率为 10MHz,直流偏置为 660mV,说明输出信号是由直流分量与 2 倍频信号叠加而来的,上述验证了乘法器是符合设计要求的。

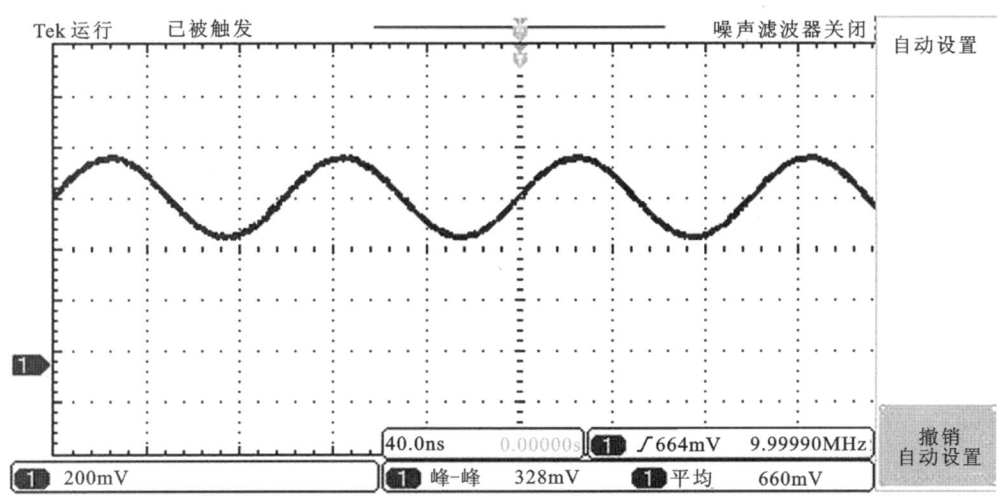

图 4.43 乘法器输出信号波形

由式(4.23)可以看到,信号通过乘法器之后的高频分量与直流分量皆包含有外磁场变化的信息。为了使传感器的输入输出呈现出一一对应的线性关系,我们需要在乘法器之后接入低通滤波器将高频分量滤除,保留与待测信号幅值、相位差有关的直流分量。

笔者设计的低通滤波器旨在滤除乘法器输出的 2 倍频信号以及其他高频噪声干扰。综合考虑,选择滤波器的斜率变化为 −40dB/10 倍频程的二阶巴特沃斯低通滤波器,其衰减率能够满足设计要求,其电路图如图 4.44 所示,截止频率设计为 15Hz,低于 15Hz 的信号可以近似看作直流量。

通过模拟电路中的运算放大器的基本原理可知,二阶低通滤波器的增益为

$$A_0 = A_{\text{VF}} = 1 + \frac{(A_{\text{VF}} - 1)R_1}{R_1} \tag{4.25}$$

考虑到集成运放的同相输入端电压为

$$V_\text{P}(s) = \frac{V_0(s)}{A_{\text{VF}}} \tag{4.26}$$

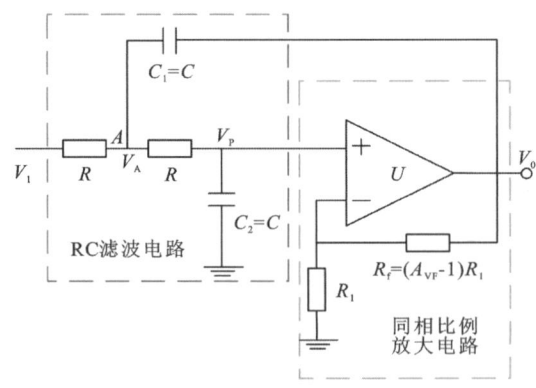

图 4.44 二阶巴特沃斯低通滤波器电路图

$V_P(s)$ 与 $V_A(s)$ 的关系为

$$V_P(s) = \frac{V_A(s)}{1+sRC} \tag{4.27}$$

对于节点 A,应用 KCL 定律可以得到

$$\frac{V_i(s)-V_A(s)}{R} - [V_A(s)-V_0(s)]sC - \frac{V_A(s)-V_P(s)}{R} = 0 \tag{4.28}$$

将式(4.26)、式(4.27)和式(4.28)联立求解,可以得到电路的传递函数为

$$A(s) = \frac{V_0(s)}{V_i(s)} = \frac{A_{VF}}{1+(3-A_{VF})sCR+(sCR)^2} \tag{4.29}$$

令

$$w_c = \frac{1}{RC} \tag{4.30}$$

$$Q = \frac{1}{3-A_{VF}} \tag{4.31}$$

则有

$$A(s) = \frac{A_{VF}w_c^2}{s^2+\frac{w_c}{Q}s+w_c^2} = \frac{A_0 w_c^2}{s^2+\frac{w_c}{Q}s+w_c^2} \tag{4.32}$$

从式(4.29)可以看出,当 $A_0=A_{VF}<3$ 时才能稳定工作,也就是说低通滤波器的增益不能超过 3 倍。

通过示波器来观测低通滤波器的滤波性能,DDS 信号发生器依次产生频率为 1Hz、15Hz、100Hz 的交变电压信号,示波器显示信号经过该级电路之后的波形,分别如图 4.45～图 4.47 所示,其中通道 1 为 DDS 产生的电压信号的波形,通道 2 为信号通过低通滤波器之后的波形。

图 4.45 显示频率为 1Hz 的正弦信号幅值没有衰减,完全通过低通滤波器;图 4.46 显示频率为 15Hz 的正弦信号幅值从 1.96V 减小为 1.40V,衰减了 3dB;图 4.47 说明频率为 100Hz 的信号无法通过低通滤波器,示波器只能采集出仪器本身的噪声信号。以上说明该级电路符合设计要求。

第 4 章　GMI 传感器探头设计与电路实现

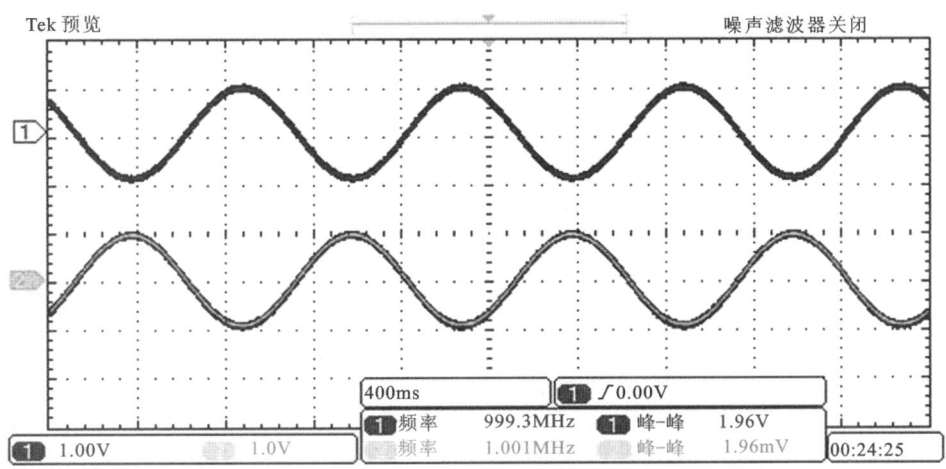

图 4.45　低通滤波器 1Hz 正弦信号输入输出波形

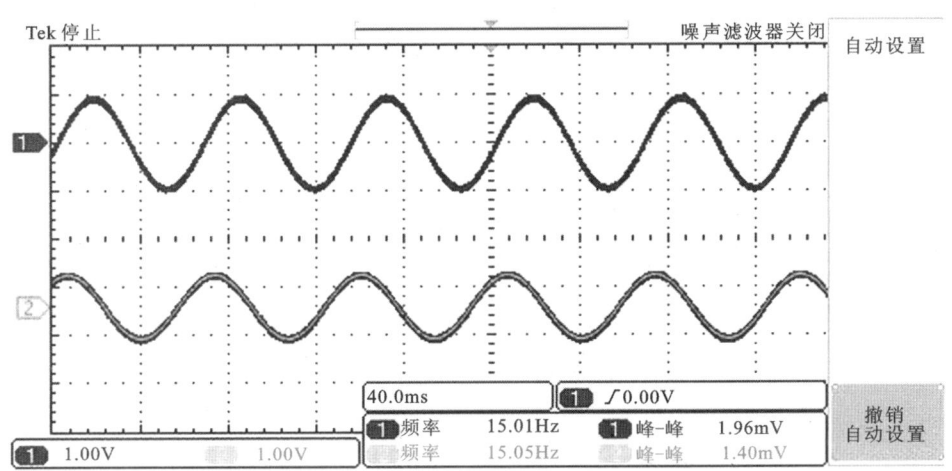

图 4.46　低通滤波器 15Hz 正弦信号输入输出波形

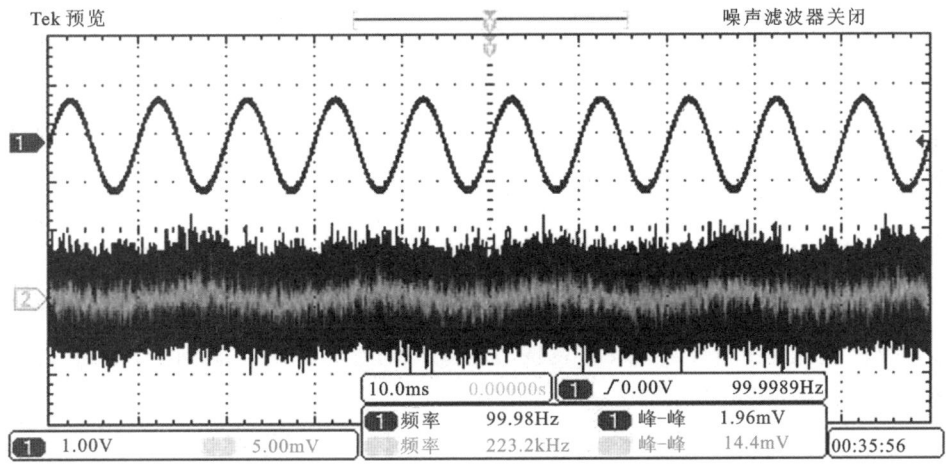

图 4.47　低通滤波器 100Hz 正弦信号输入输出波形

4.4.4 基于 FPGA 的信号处理方法设计

利用 FPGA 平台设计实现 GMI 传感器的信号处理电路主要分为信号采集、信号处理和结果输出 3 部分。信号采集主要采用 ADC 芯片；信号处理则在 FPGA 开发板平台进行；结果输出则可以利用 DAC 芯片或者通过串口等接口发送到上位机显示。本节对这 3 部分分别做介绍。

1. ADC 选型与采集电路设计

经谐振选频和放大后的信号被 ADC 芯片采集并进入 FPGA 芯片进行处理，根据前文测试结果可知，在 ±100μT 磁场范围内放大电路输出信号峰峰值在 7V 以内，若传感器探测精度为 1nT，系统处理增益为 256 计算，则每 1nT 对应的电压峰峰值变化为 8.9mV。以 ADC 采集电压范围正负 5V 计算，AD 转换位数至少为 11 位，且由于响应电压信号的频率带宽大于 500kHz，ADC 的采样率按照奈奎斯特最小采样频率计算必须大于 1MHz。根据以上的参数估计，笔者选用的 ADC 芯片为 AD9226，其转换位数为 12 位，采样率为 65MSPS 且工作范围内无失码，满足预期需求。查阅 AD9226 芯片手册可知，芯片内部提供了两个参考电压，分别为 1V 和 2V，芯片可配置为单端输入或者差分输入。按照其芯片手册中的配置方式（图 4.48），选择 AD9226 的单端输入模式，设置 2V 的参考电压，在该模式下输入电压范围为 1～3V。

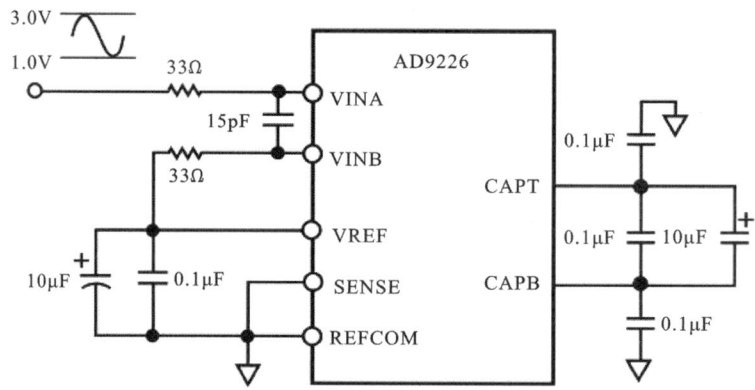

图 4.48 AD9226 单端输入 2V 参考电压配置电路图

由于前级模拟放大电路输出信号在 ±5V 范围内变化，而 AD9226 的输入电压范围为 1～3V，因此需要对放大电路输出信号进行衰减，衰减公式为

$$V_{out} = \frac{1}{5} V_{in} + 2 \tag{4.33}$$

当输入电压为 ±5V 时，对应衰减为 1～3V 范围。根据衰减公式（4.33）可知，每 1nT 对应的电压峰峰值变化为 8.9mV 带来的衰减后电压变化为 1.78mV，此时 AD9226 的量化精度为 $2V/2^{11} = 0.97mV$，满足设计需求。

根据衰减公式（4.33），本书设计了对应的电路，如图 4.49 所示。

电路采用两级放大电路，第一级放大电路为反向放大电路，其输出电压 V_{out1} 为

第 4 章　GMI 传感器探头设计与电路实现

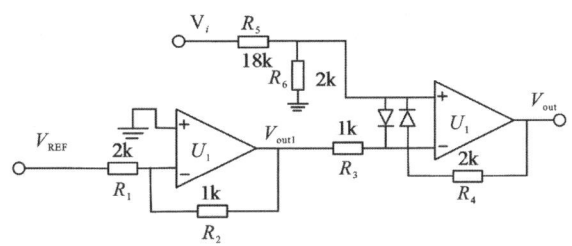

图 4.49　AD 输入信号衰减电路图

$$V_{out1} = -\frac{R_2}{R_1} V_{REF} \tag{4.34}$$

电路第二级为差分放大电路，输入端二极管用于防止输入电压过大导致损坏运算放大器，根据叠加定理求解电路输出电压，当 $V_i = 0$ 时，等效为反向放大电路，由 V_{out1} 产生的电压 V'_{out2} 可表示为

$$V'_{out2} = -\frac{R_4}{R_3} V_{out1} \tag{4.35}$$

不考虑第一级放大输出作用时，第二级放大电路等效为同相放大器，电阻 R_5、R_6 构成衰减网络，其输出信号 V''_{out2} 可表示为

$$V''_{out2} = \frac{R_4}{R_3} \frac{R_6}{R_5 + R_6} V_i \tag{4.36}$$

由叠加定理可得，电路最终输出电压 V_{out} 可表示为

$$V_{out} = V'_{out2} + V''_{out2} = \frac{R_2}{R_1} \frac{R_4}{R_3} V_{REF} + \frac{R_4}{R_3} \frac{R_6}{R_5 + R_6} V_i \tag{4.37}$$

在电路器件选型上，选择了运算放大器 AD8065，它具有高输入阻抗、低噪声的特点，且工作带宽为 145MHz，满足设计需求。在电阻阻值的选择上，在图 4.49 上已说明，代入式(4.35)中可得到式(4.36)。信号衰减电路处理之后会存在一定的误差，该部分误差可视为线性误差，在后续信号处理中可进行人工校准。以幅值 ±5V 以内的正弦波作为输入电压对电路进行测试，并用示波器观察电路输出。如图 4.50 所示为示波器测量结果，输入电压峰峰值为 8.8V，输出电压峰峰值为 2.28V，符合电路设计的预期。输入输出信号存在一定的相位差，但电路对输入信号的跟随性较好，且具有较好的线性相位特性。

信号衰减电路将模拟放大电路输出信号稳定地衰减到 ADC 的采集电压范围内，随后驱动 ADC 开始工作，完成模拟量到数字量的转换。AD9226 采用全并行接口，利用 FPGA 给 AD9226 时钟引脚提供与采样率一致的时钟信号即可。图 4.51 为芯片的接口时序图，ADC 的 12 位数据在时钟上升沿触发下转换得到，并通过 I/O 输入 FPGA 内部。

完成 AD9226 驱动程序的设计和仿真后，笔者对 AD9226 采集模拟信号进行了板级实验验证，利用信号发生器输出正弦波和三角波模拟信号，并通过 Signal tap Ⅱ 在线逻辑分析仪工具抓取采集通道的信号。图 4.52 为在线逻辑分析仪观察结果，可以看出在 50MHz 采样率下，AD9226 完成不同波形的采集，且效果良好。

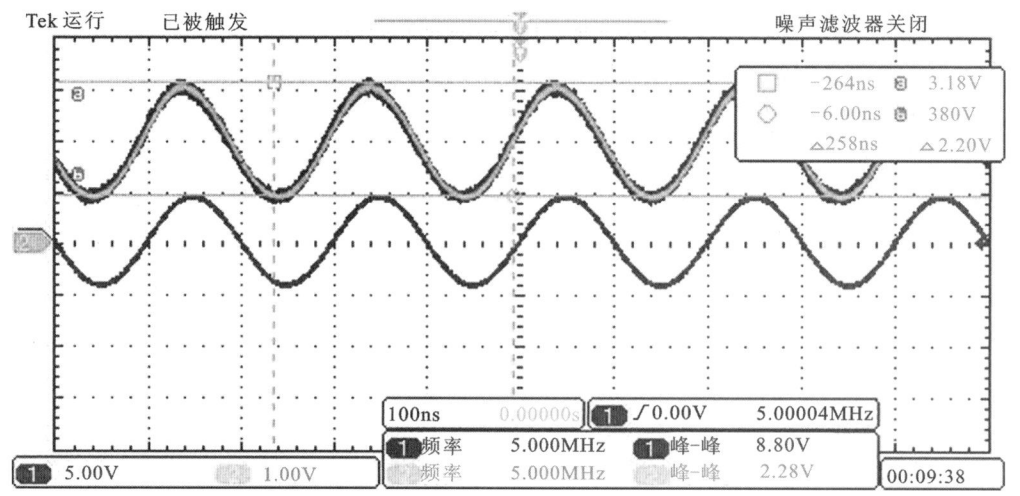

图 4.50　衰减电路输入输出信号测试结果图

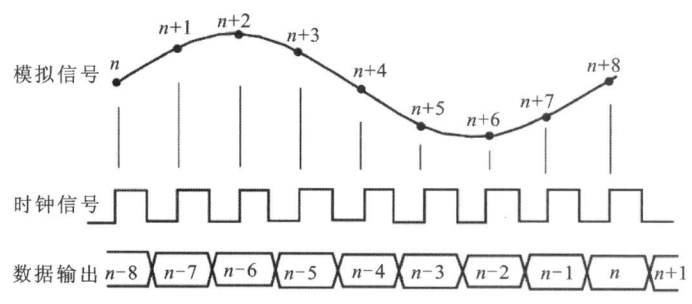

图 4.51　AD9226 芯片接口时序图

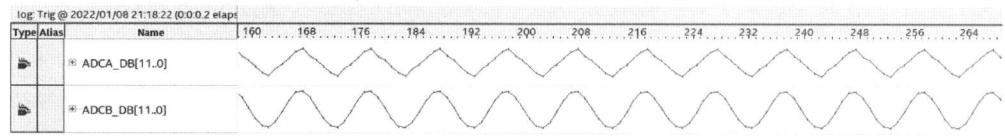

图 4.52　在线逻辑分析仪结果

2. FPGA 平台信号处理程序设计

面向不同的测量对象,FPGA 平台的信号处理程序结构并不相同,使用的方法也存在差异,本节分别介绍面向静磁测量和面向交变磁场测量的 FPGA 平台程序设计,包含其 Matlab 验证与 FPGA 的实现。

1) 数字化正交锁定放大程序设计

锁定放大器的基本结构如图 4.53 所示,包括信号通道、参考通道、相敏检测器(PSD)和低通滤波器(LPF)等(李光林等,2015)。信号通道对调制正弦信号进行交流放大,将微弱信号放大到足以驱动相敏检测器工作的电平值。参考输入一般是等幅正弦信号或方波信号。PSD 以参考信号 $r(t)$ 为基准,对有用信号 $x(t)$ 进行相敏检测。最后,通过低通滤波器滤除噪声,达到既鉴幅又鉴相的目的。

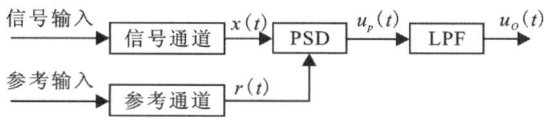

图 4.53 锁定放大器工作原理

经过相敏检波器和低通滤波器处理后,锁定放大器的输出为一个与输入信号幅值成正比的直流量。该直流量大小与输入信号幅值、参考信号幅值和两信号的相位差有关。两信号的相位差可能会存在漂移,导致测量结果不太稳定,因此应用正交锁定放大的测量方法,通过增加一路与参考信号相差 90°的参考信号通道,实现信号幅值检测。如图 4.54 所示为正交锁定放大器的工作原理图,其最终输出与输入信号和参考信号的相位差无关,从而使得测量结果更加稳定。

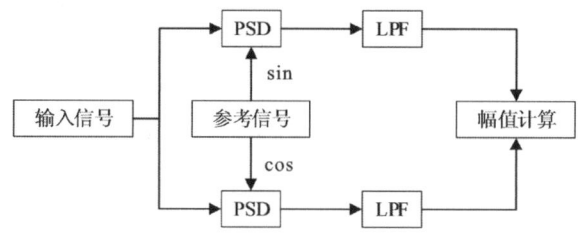

图 4.54 正交锁定放大器的工作原理

以模拟乘法器型相敏检测分析,设被测信号为 $x(t)$,同相参考信号为 $r(t)$,正交参考信号为 $r'(t)$ 的表达式为

$$x(t) = V_s\cos(\omega_0 t + \theta) \tag{4.38}$$

$$r(t) = V_r\cos(\omega_0 t) \tag{4.39}$$

$$r'(t) = V_r\sin(\omega_0 t) \tag{4.40}$$

式中:ω_0 是被测调制信号和参考信号的频率;θ 是它们之间的相位差,θ 是由信号频率的变化量造成的,两个参考信号与被测信号经乘法器相乘后,输出信号分别表示为 $u_p(t)$ 和 $u'_p(t)$,表达式为

$$\begin{cases} u_p(t) = V_s\cos(\omega_0 t + \theta)V_r\cos(\omega_0 t) = 0.5V_sV_r\cos\theta + 0.5V_sV_r\cos(2\omega_0 t + \theta) \\ u'_p(t) = V_s\cos(\omega_0 t + \theta)V_r\sin(\omega_0 t) = -0.5V_sV_r\sin\theta + 0.5V_sV_r\sin(2\omega_0 t + \theta) \end{cases} \tag{4.41}$$

根据式(4.41)的计算结果可知模拟乘法器运算后,两路信号均包含一项差频分量和一项和频分量,信号频谱从原来的 ω_0 迁移到了 $\omega=0$ 和 $\omega=2\omega_0$ 处,将相乘得到的信号经过低通滤波器滤波后,可以将通带之外的和频分量与噪声滤除,得到的两路输出可分别表示为 $u_o(t)$ 和 $u'_o(t)$,表达式为

$$\begin{cases} u_o(t) = 0.5V_sV_r\cos\theta \\ u'_o(t) = -0.5V_sV_r\sin\theta \end{cases} \tag{4.42}$$

显然,正交锁定放大器的两路输出信号均为直流量,将两路信号进行平方运算后再求和开平方,即可得到一个与相位差无关的结果。该结果只与输入信号和参考信号的幅值有关,当参考信号幅值不变时,显然计算结果只与输入被测信号幅值有关,且呈线性关系。将该结果

用 A 表示，其表达式为

$$A = 0.5 V_s V_r \tag{4.43}$$

与相干解调部分类似，笔者利用 Matlab 工具验证了正交锁定放大在测量信号幅值上的可行性。基于前文相干解调和降采样的工作，该部分采样率为 50 kHz，待测信号为 1 kHz，FIR 低通滤波器采用窗函数设计法，截止频率为 10 Hz。图 4.55 所示为滤波与幅值计算结果，此时被测信号幅值为 0.1，图中由上至下分别为同相信号通道滤波结果、正交信号通道滤波结果和幅值计算结果。

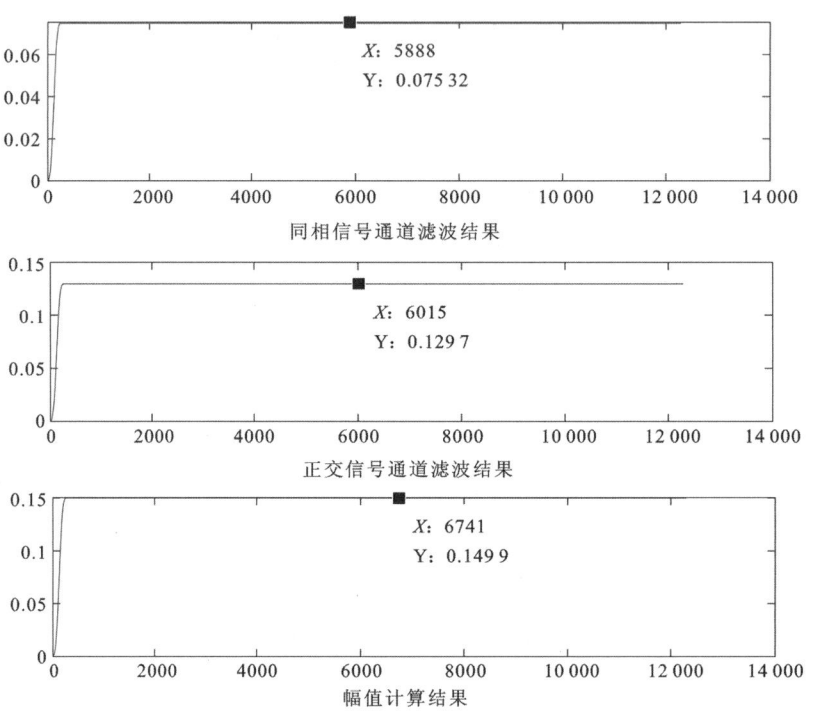

图 4.55 正交锁定放大 Matlab 验证结果

改变被测信号的幅值，记录对应的幅值计算结果，通过线性拟合可得如图 4.56 所示结果。从图中可以看出，被测信号幅值与计算结果呈现良好的线性关系。

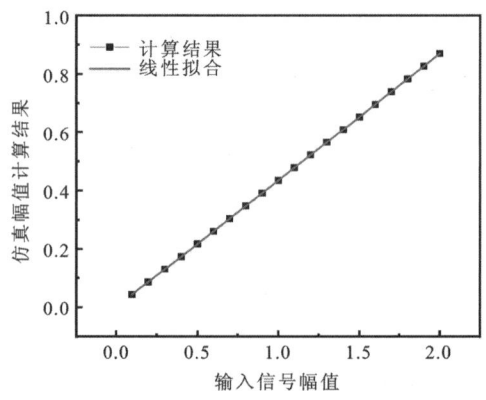

图 4.56 Matlab 仿真中被测信号幅值与计算结果线性拟合结果

第 4 章　GMI 传感器探头设计与电路实现

基于正交锁定放大原理以及 Matlab 仿真验证结果，笔者在 FPGA 平台设计了用于测量信号幅值的正交锁定放大程序，并对该程序进行了仿真验证和板级测试。程序设计部分，主要包含参考信号产生、乘法运算、低通滤波和幅值计算 4 个环节。其中，参考信号通过数控振荡器（NCO）产生，乘法运算使用乘法 IP 核，低通滤波器参数与 Matlab 仿真中的参数一致，幅值计算则利用开平方 IP 核处理。如图 4.57 所示为 Quartus 软件中根据程序生成的 RTL 视图，其结构基本与图 4.54 一致。

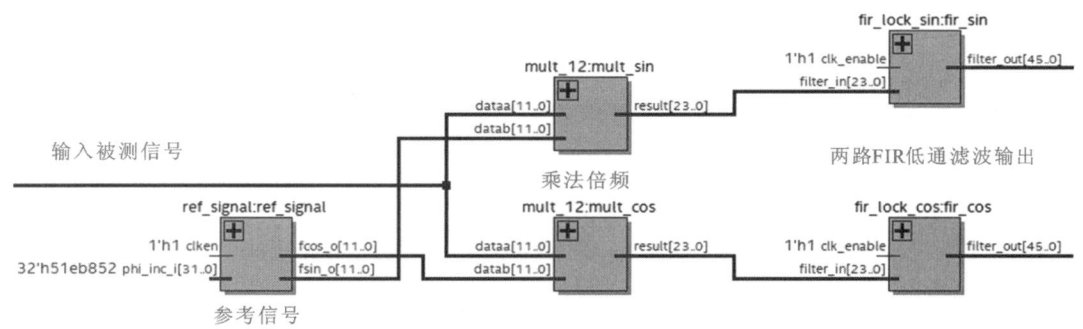

图 4.57　正交锁定放大程序 RTL 视图

首先，利用 Matlab 生成一个包含 1kHz 待测信号的 txt 文件。然后，通过仿真文件读取该文件中的数据。接下来，利用 Modelsim 仿真，改变不同的待测信号幅值并记录对应的幅值计算结果。对这些结果进行线性拟合可得如图 4.58 所示结果，该结果与 Matlab 仿真结果基本一致。

完成正交锁定放大的仿真测试后，利用信号发生器、AD 采集模块、FPGA 开发板和逻辑分析仪进行了程序的板级测试。信号发生器输出一个频率为 1kHz 的正弦信号，该信号经 AD 采集后被 FPGA 芯片进行处理，最终的计算结果通过电脑端逻辑分析仪显示。图 4.59 为信号发生器输出信号峰峰值与计算结果的线性拟合结果。从图中可见，在实验测试中，该程序计算结果与被测信号峰值呈正相关，且相关系数为 1。

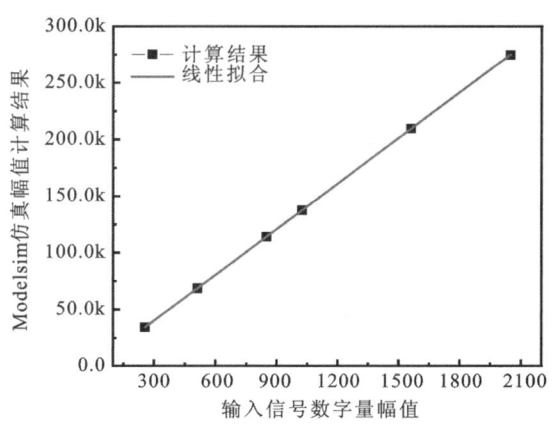

图 4.58　Modelsim 仿真中被测信号幅值与计算结果线性拟合结果

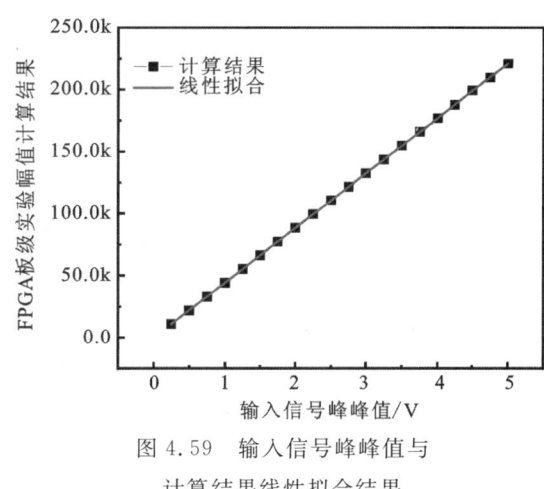

图 4.59　输入信号峰峰值与计算结果线性拟合结果

2)应用于交变磁场测量的相干解调程序设计

相干解调也叫同步检波,它适用于所有线性调制信号的解调(王晓鹏,2015)。实现相干解调的关键是在接收端恢复出一个与调制载波严格同步的相干载波(赏星耀和项新建,2004)。在 GMI 传感器的响应信号中,载波即为敏感元件的激励信号,用 U_s 表示,其角频率为 ω_c,则载波信号可表示为

$$U_s = U_{cm} \cos \omega_c t \tag{4.44}$$

外部交变磁场信号对应的电压信号为调制信号,用 U_t 表示,其角频率为 Ω,则调制信号可表示为

$$U_t = M_a \cos \Omega t \tag{4.45}$$

在探头的耦合作用下,载波信号和调制信号经过调制,得到幅度调制信号,其过程相当于两信号经过乘法器作用,经过调制的信号用 $U_{AM}(t)$ 表示,经过积化和差运算可得幅度调制信号 $U_{AM}(t)$,即

$$\begin{aligned} U_{AM}(t) &= U_{cm}\cos(\omega_c t) M_a \cos\Omega t \\ &= \frac{1}{2} M_a U_{cm} \cos(\omega_c + \Omega)t + \frac{1}{2} M_a U_{cm} \cos(\omega_c - \Omega)t \end{aligned} \tag{4.46}$$

由式(4.46)可知,经过探头调制后的传感器的响应信号频率与载波信号一致,但其振幅是按照调制信号的变化规律而变化的,相干解调就是将调制后的幅度调制信号与同频的载波信号相乘,再通过滤波的方式还原调制信号。将幅度调制信号与载波相乘结果用 $U_{de}(t)$ 表示,根据公式推导可表示为

$$\begin{aligned} U_{de}(t) &= U_{AM}(t) \times U_{cm} \cos \omega_c t \\ &= \frac{1}{4} M_a U_{cm}^2 [\cos(2\omega_c + \Omega)t + \cos\Omega t] + \\ &\quad \frac{1}{4} M_a U_{cm}^2 [\cos(2\omega_c - \Omega)t + \cos\Omega t] \end{aligned} \tag{4.47}$$

根据式(4.47)可知,幅度调制信号与载波信号相乘后信号频率分布在 $2\omega_c$、Ω 上。因此,利用低通滤波器将高频分量滤除,即可还原调制信号,达到解调的目的。

结合相干解调原理以及 GMI 传感器输出信号特性,笔者利用 Matlab 工具对相干解调原理进行了仿真验证。图 4.60 为 Matlab 仿真结果,其中输入的被测调制信号模拟了 GMI 传感器的响应信号,该信号为一个 500Hz 外部磁场信号与一个 500kHz 激励信号相乘得到的调制信号;乘法运算输出为被测调制信号与一个 500kHz 参考信号相乘得到的结果;低通滤波输出则为乘法运算输出信号经 FIR 低通滤波器滤波处理后的结果。

在 Matlab 仿真验证中,FIR 低通滤波器通过 Matlab 的 Filter Designer 工具设计得到,其采样率为 50MHz,截止频率为 1kHz。根据滤波结果,500Hz 的信号成功地从 500kHz 的载波信号中剥离,实现了信号的相干解调。该部分工作为在 FPGA 平台上实现 GMI 传感器输出信号的解调提供了理论基础。

结合相干解调原理与 Matlab 仿真验证结果,基于 FPGA 平台设计了相干解调程序,并测试了该程序应用于解调 GMI 传感器响应信号方面的效果。在 FPGA 设计上,与 Matlab 中类

第 4 章　GMI 传感器探头设计与电路实现

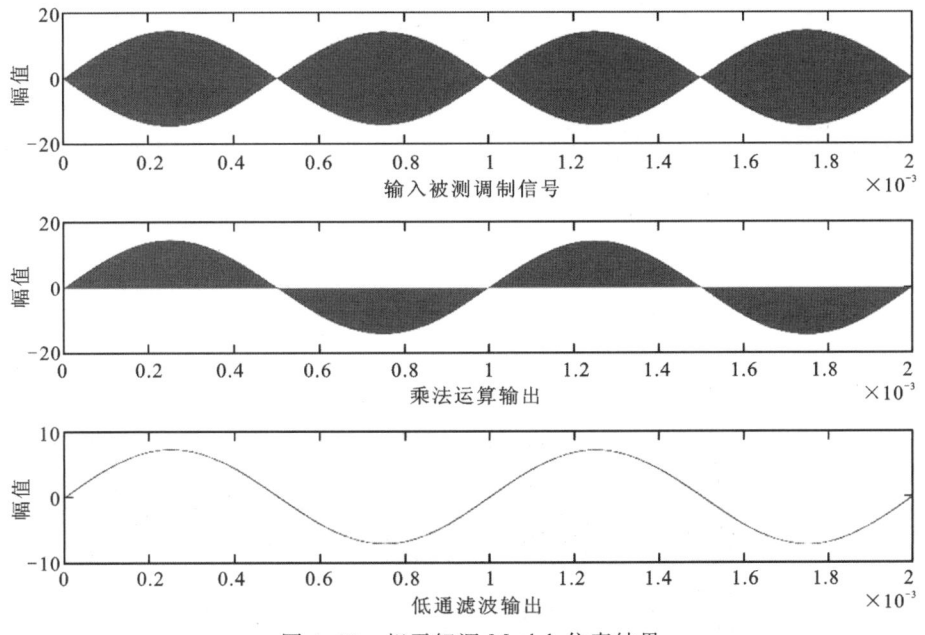

图 4.60　相干解调 Matlab 仿真结果

似,该程序包含了乘法解调和低通滤波两个关键部分。其中,GMI 传感器响应信号由 AD9226 采集输入,其采样频率设置为 50MHz。参考信号(500kHz)由 FPGA 内部 NCO IP 核生成。乘法解调由乘法器实现,乘法运算是在采样时钟(50MHz)的上升沿触发下进行的,即 AD 每采集一个数据就进行一次乘法运算。采集得到的数据与参考信号的采样率是一致的,这样可以保证参考信号与采集得到的信号严格同步。

图 4.61 所示为 Matlab 设计的 FIR 滤波器幅频响应图。该滤波器采用窗函数方法设计,选用汉明窗,滤波器采样频率为 50MHz,截止频率为 10kHz,滤波器阶数为 128 阶,由于采样频率高,截止频率低,因此实际上滤波器的截止频率为 250kHz。

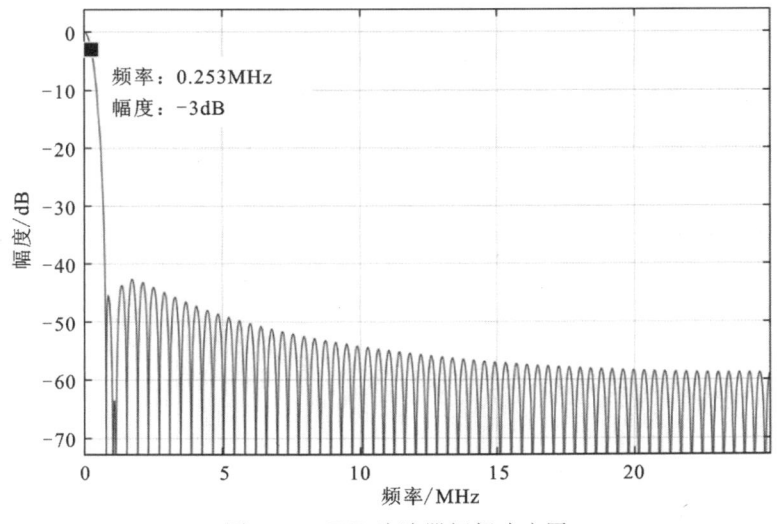

图 4.61　FIR 滤波器幅频响应图

在 FIR 低通滤波器设计上，Quartus 软件中提供了集成的 IP 核供开发者使用，IP 核使用需要利用 Matlab 的 Filter Designer 工具设计得到 FIR 滤波器的系数。采用 IP 核设计 FIR 滤波器简单便捷，但是在滤波器的结构设计上存在一定的局限性。当滤波器阶数过高时，采用 IP 核设计的 FIR 滤波器不能设置滤波器的串并行结构，从而导致需要较多的乘法器资源。因此笔者采用 Filter Designer 中 Generate HDL 功能，直接将设计的 FIR 滤波器导出为 Verilog 描述语言文件，在项目设计中即可将该文件作为滤波模块例化，完成滤波的功能。该方法可以设计滤波器的结构，选择部分并行结构，这样在满足程序设计需求的同时可以减少 DSP 资源使用。完成相干解调程序设计后，利用 Modelsim 对程序进行了寄存器传输级仿真，图 4.62 为仿真结果，与图 4.56Matlab 仿真结果基本一致。

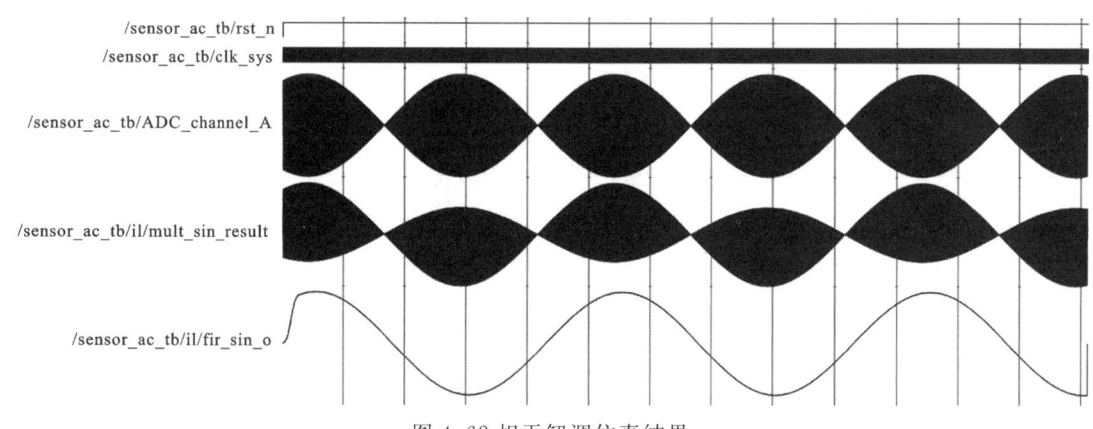

图 4.62 相干解调仿真结果

结合仿真结果，笔者对解调程序进行了板级验证，将 FIR 滤波得到的交流信号通过 DA 转换为模拟信号观察解调结果，DA 转换的流程在前文作了详细介绍。采用 Quartus 提供的 Signal Tap Ⅱ 工具抓取解调后的信号，图 4.63 为 FPGA 板级解调结果，可见输出为较平滑的正弦信号，解调效果良好。

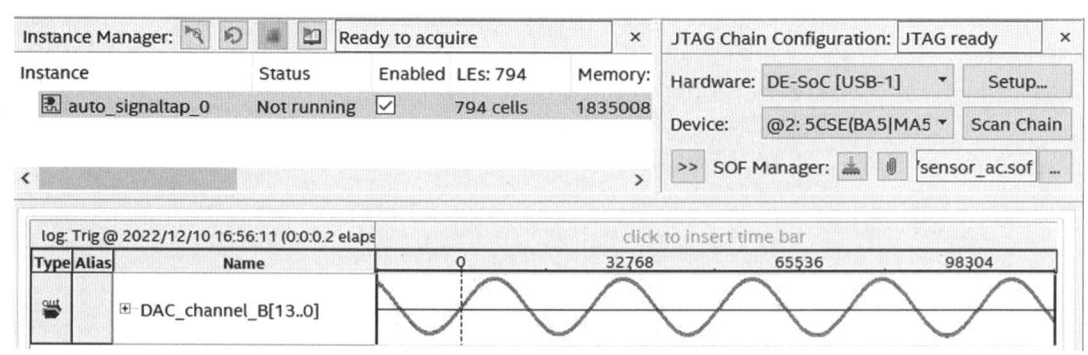

图 4.63 解调程序 FPGA 开发板测试结果

3）应用于交变磁场测量的降采样程序设计

从 FPGA 信号处理程序的源头分析，传感器响应信号的频率为 500kHz，该信号被 AD 芯片采集后输入到 FPGA 芯片进行处理，设定 ADC 的采样率为 50MHz。在 50MHz 的采样率条件下,利用相干解调完成信号的解调。但在低通滤波器设计时发现,高采样率条件下窄通带的滤波器设计往往需要很高的阶数,并且实际上设计的滤波器截止频率远大于预期,为了更好地进行信号的处理,笔者对解调后的信号进行了降采样处理。

在信号的降采样中,通常采用的方法是数字下变频技术(direct digital controller,DDC),数字下变频是软件无线电的核心技术之一,利用数字下变频可以降低信号的采样率并同时保留有用信号。数字下变频的主要做法是首先将高频信号的频谱转移到基带,再通过低通滤波和抽取滤波降低采样率,从而完成高采样率到低采样率的转变。在本书的设计中,解调部分的工作相当于完成了信号的频谱搬移,而本节主要完成信号的降采样。在降采样设计中,采用 CIC 滤波器级联的方式,将采样频率由 50MHz 转换成 50kHz,总共降采样 1000 倍,这是通过三级 CIC 滤波器级联得到的。图 4.64 为对解调后信号降采样的结构框图,三级 CIC 滤波器的降采样倍数都为 10。根据奈奎斯特采样定理,50kHz 的采样率能满足 0~25kHz 带宽的信号采样,而本书设计的传感器主要面向 10kHz 以内的交变磁场测量,因此该采样率满足设计需求。

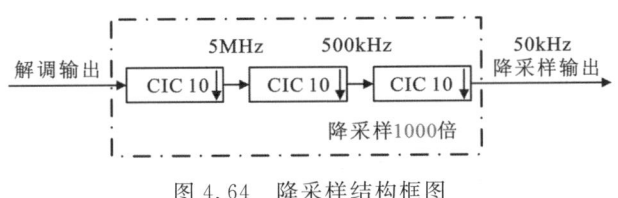

图 4.64　降采样结构框图

与 FIR 滤波器设计相类似,CIC 抽取滤波器采用 Matlab 的 Filter Designer 工具设计。相比于 FIR 滤波器,CIC 滤波器的设计更加简单。如图 4.65 所示为 Matlab 中设计的 CIC 滤波器幅频响应,其中延迟因子设为 1,滤波器级数为 3,而采样率和抽取倍数则根据需求设计。

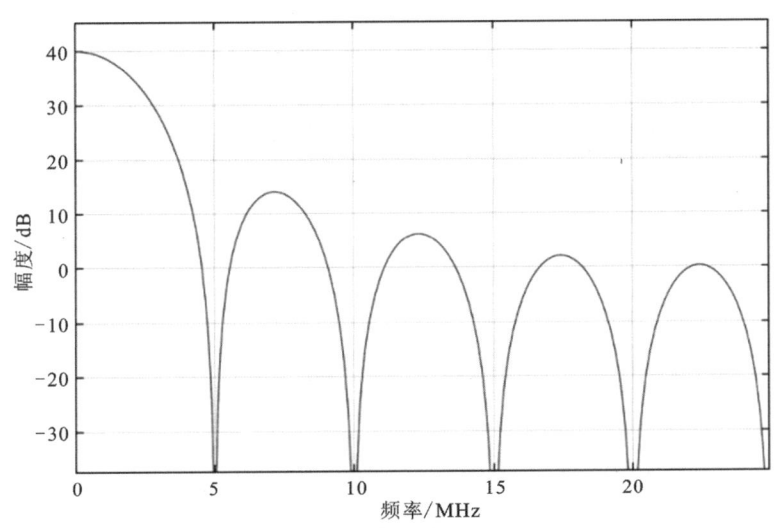

图 4.65　CIC 滤波器幅频响应图

首先将设计得到的 CIC 滤波器生成用 Verilog HDL 语言描述的 V 文件后,再将该文件添加到工程,并完成 CIC 滤波器模块的例化,最后将三级滤波器级联,并通过 PLL(锁相环)产生对应的 50MHz、5MHz 和 500kHz 的时钟,分别连接三级 CIC 滤波器的时钟端口。如图 4.66 所示为降采样程序的仿真结果,三级滤波器分别对输入信号进行了抽取,最终输出采样率为 50kHz 的信号。

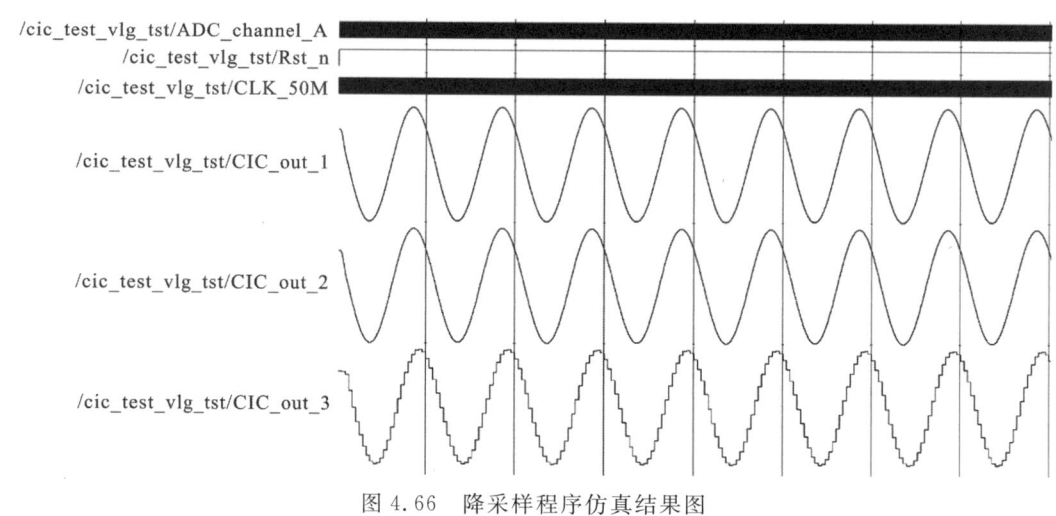

图 4.66　降采样程序仿真结果图

4) 应用于交变磁场测量的等精度测频程序设计

解调与降采样是对交变磁场信号的预处理,通过预处理可以得到与外部交变磁场信号变化一致的数字信号,接着可以对该信号进行测量。针对交变磁场的测量,通常考虑磁场的大小和频率两个参数,本节主要介绍测量以单一频率变化的交变磁场频率的程序设计与实现,磁场频率测量结果将用于磁场强度的测量。

传统的测频方法主要有直接测频法、周期测量法、组合法和等精度频率测量法(赏星耀和项新建,2004)。数字化的频率测量通常以计时或计数的方式进行。在 FPGA 中,通常使用等精度频率测量法,其测量原理图如图 4.67 所示,被测信号通过零比较器转换成方波信号,在同样的闸门时间内,同时计数标准信号和被测信号的上升沿数量(分别记为 N_s 和 N_x)。由于标准信号的频率 f_s 是已知的,而且是由高精度 DDS 信号发生器产生的,因此被测信号频率 f_t 的计算公式为

$$f_t = \frac{N_x}{N_s} f_s \tag{4.48}$$

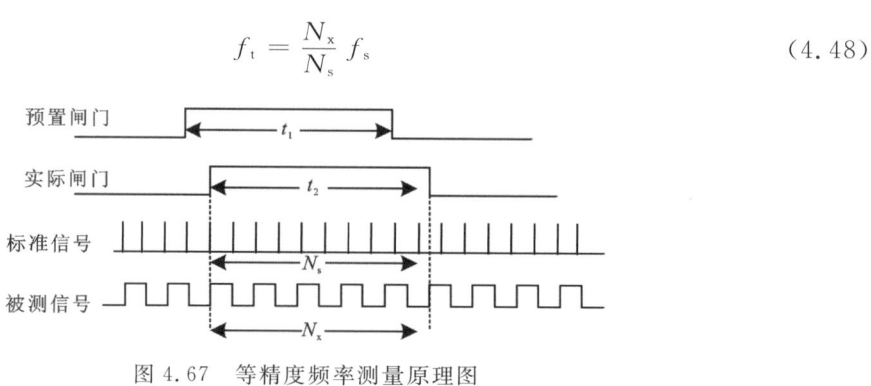

图 4.67　等精度频率测量原理图

第 4 章　GMI 传感器探头设计与电路实现

根据等精度频率测量原理,编写对应的 Verilog HDL 程序,利用 Matlab 生成频率为 1kHz 的正弦信号数据进行仿真测试。如图 4.68 所示为仿真结果,该程序可以将正弦信号频率正确测出。

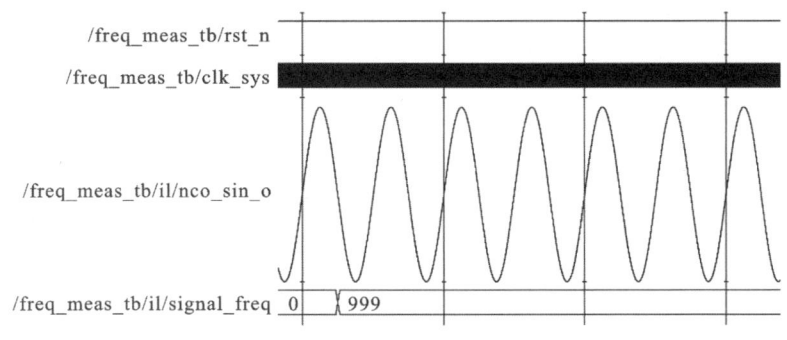

图 4.68　等精度测频程序仿真结果图

接着,对该频率测量程序进行了实验测试,利用信号发生器输出单一频率的正弦信号,并通过在线逻辑分析仪观察频率测量结果,如图 4.69 所示为在线逻辑分析仪测量结果图。由于该程序并没有采用浮点计算,最小频率只能精确到 1Hz。在测量过程中,观察得到频率的测量结果与信号发生器输出信号的频率误差在 ±1Hz 以内,这符合设计需求。

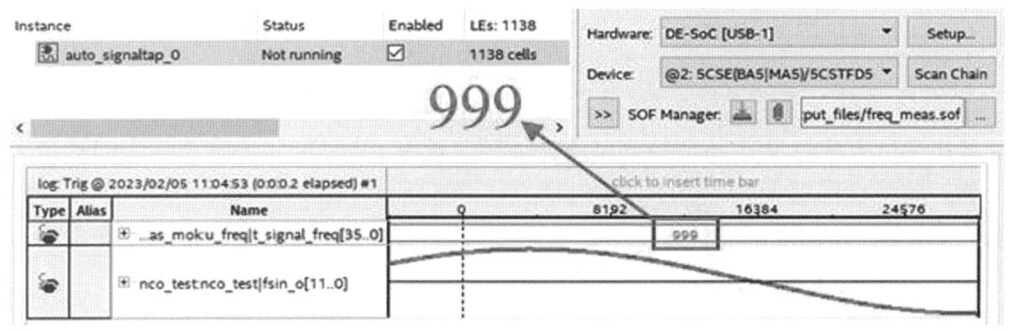

图 4.69　等精度频率测量程序在线逻辑分析仪测量结果图

3. DAC 芯片选型与驱动设计

DS 信号发生器设计的最后环节为 DA 转换,即将 NCO 输出的数字信号转换为模拟电压信号,该部分通过 DA 转换芯 DAC9767 实现。DAC9767 的数模转换功能实现途径与前文 4.3.2 节中的实现方式一致,此部分不做详细论述。

第 5 章　GMI 传感器噪声建模与分析

根据前文对模拟和数字化 GMI 磁传感器的介绍,在建模传感器噪声模型时,将传感器分为模拟和数字两部分,本章介绍 GMI 传感器噪声来源、建模思路和 GMI 传感器噪声模型。

5.1　模拟 GMI 传感器噪声来源及建模思路

GMI 传感器的噪声来源可分为两部分,一是 GMI 元件磁噪声,它是软磁材料的固有参数,由材料的制备工艺、软磁特性和磁畴结构等决定;二是调理电路噪声,包括电路内部噪声和来自电路外部的干扰噪声。下面分别介绍各噪声源的性质,以及噪声建模思路。

5.1.1　GMI 元件噪声

GMI 元件噪声主要由非晶材料(薄带)内部的热磁噪声引起。随着温度的波动,非晶材料内部的磁化强度方向以及非晶材料的整体性能随之改变,从而引起传感器输出的波动。

以单磁畴结构的非晶薄带为例,通过联立 Landau-Lifshitz-Gilbert(LLG)方程、Maxwell 方程和欧姆定律,可以得到传感器关于非晶薄带内部热磁噪声的输出功率谱密度

$$\varphi_V(f) \approx \frac{V_{ac}^2}{\mu_0^2} \frac{4\alpha k_B T}{\gamma H_K^3 V} \tag{5.1}$$

式中:V_{ac} 为非晶薄带两端电压幅值;μ_0 为真空磁导率;α 和 k_B 分别为 Gilbert 系数和玻尔兹曼常数;T 为热力学温度;γ 为旋磁比;H_K 为材料内部的各向异性场;V 为非晶薄带体积。

式(5.1)表明,非晶薄带内部热磁噪声不仅与温度成正比,还与薄带两端电压幅值的平方成反比,因此通过提高激励信号幅值可有效提高 GMI 传感器的信噪比。

值得注意的是,由 GMI 元件引起的磁噪声在 $fT/\sqrt{Hz}$ 水平,而通常调理电路的等效磁噪声水平在 $pT/\sqrt{Hz}$ 水平,较前者高出 3 个量级。可见,对于整个 GMI 传感器系统而言,其等效磁噪声水平主要受限于调理电路的噪声水平,后续将着重对其进行优化。

5.1.2　调理电路噪声

由组成系统电路的元器件产生的内部噪声称为固有噪声,它是由电荷载体的随机运动所引起的。在各种测试系统中,固有噪声的大小决定了系统的分辨力和可检测的最小信号幅度。在 GMI 传感器信号调理电路中,电阻热噪声、放大器噪声和外部干扰噪声是电子噪声的

主要组成部分。

1. 电阻热噪声源模型

电阻热噪声起源于电阻中电子的随机热运动,它导致电阻两端电荷的瞬间堆积,形成噪声电压。奈奎斯特对热噪声进行了理论分析,并利用热动力学推理的方法,以数学方式描述了热噪声的统计特性,证明热噪声 E_t 的功率谱密度 S_t 的函数为

$$S_t(f) = 4k_B TR (\text{V}^2/\text{Hz}) \tag{5.2}$$

式中:k_B 为玻尔兹曼常数,$k_B = 1.38 \times 10^{-23}$ J/K;T 为电阻的绝对温度;R 为电阻的阻值。

实际的电阻 R 产生的热噪声电压,可以用一个噪声电压源 E_t 和一个无噪声电阻 R 相串联的二端网络来表示,或者用一个噪声电流源 I_t 与一个无噪声电阻 R 相并联的二端网络来表示,如图 5.1 所示。

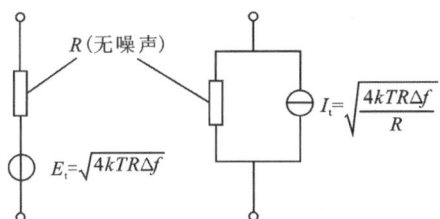

图 5.1 电阻的热噪声源模型

电阻两端呈现的开路热噪声电压有效值(即方均根值)E_t 为

$$E_t = \sqrt{P_t} = \sqrt{\int S_t(f)} = \sqrt{\int_B 4kTR \, df} = \sqrt{4kTR\Delta f} \, (\text{V}) \tag{5.3}$$

由式(5.2)和式(5.3)可知,对于温度和阻值一定的电阻,其热噪声的功率谱密度为常数。实际上,在很高频率及很低温度时,$S_t(f)$ 将发生变化。但在一般检测系统的工作频率范围内,即频率小于 10^{12} Hz 时,可以认为热噪声是白噪声,服从高斯分布。

2. 放大器噪声源模型

放大器由众多元器件而集成,其中每个元器件都可能是一个噪声发生器,如果一个一个来考虑,势必难以分析。为了简化噪声分析,提出只含有 en 和 in 两个噪声参数的放大器的噪声模型(en-in 模型),并且这些参数可以通过测量得到。如图 5.2 所示是放大器的一种噪声模型。

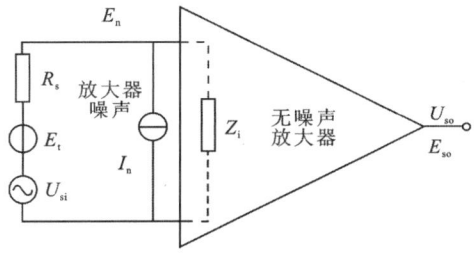

图 5.2 放大器的噪声源模型

如图 5.2 所示,放大器内的所有噪声源都被等效地折射到输入端,这是通过将阻抗为零的噪声电压发生器 E_n 与输入端串联,以及将阻抗为无限大的噪声电流发生器 I_n 与输入端并联来实现的。在这种等效模型中,放大器内部被视为一个无噪声的放大电路。图中还绘出了信号源内阻 R_s 及其热噪声 E_t 以及信号源电压 U_{si}。

通过运算放大器的 en-in 模型,我们可将放大器视为理想的无噪声放大器,因而对放大器噪声的研究可归结为对 en、in 在整个电路中所起作用的分析,这大大简化了对整个电路系统噪声的设计过程。通常情况下,运算放大器的数据手册(Data sheet)都会给出 en、in 的频谱密度曲线,如图 5.3 所示为运放 OPA227 的噪声频谱密度曲线。

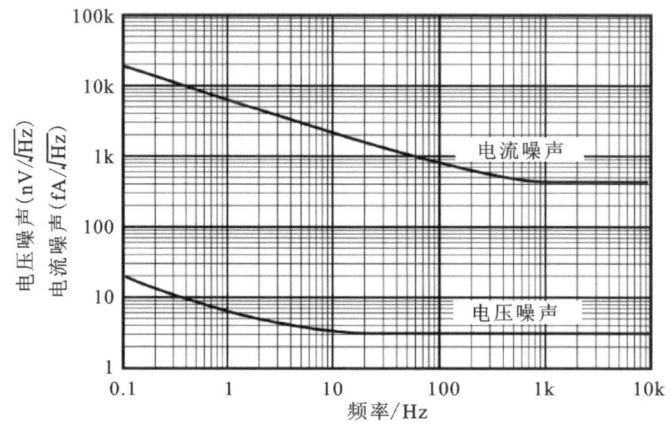

图 5.3 运放 OPA227 的噪声频谱密度曲线

由图 5.3 可见,电压/电流噪声频谱密度曲线可以分为两个区域。一个是频谱密度曲线不平的低频噪声区,称为 $1/f$ 噪声(或闪烁噪声)。通常,$1/f$ 噪声的功率谱密度以斜率 $1/f$ 滚降,这意味着电压频谱以斜率 $1/f$ 滚降,然而实际上 $1/f$ 方程的指数会有轻微偏差。另一个较宽的区域内噪声频谱平坦,即所用不同频率点的贡献相同,称为白噪声区。

实际应用中,可将图 5.3 中所示运算放大器的噪声频谱密度曲线简化为如图 5.4 所示的曲线。其中 $1/f$ 噪声和白噪声相等的频率点 f_{ce}、f_{ci} 分别是电压噪声和电流噪声频谱密度的转折频率;f_L、f_H 分别为噪声频带下限和上限;e_N 和 i_N 分别是白噪声区电压噪声和电流噪声水平。

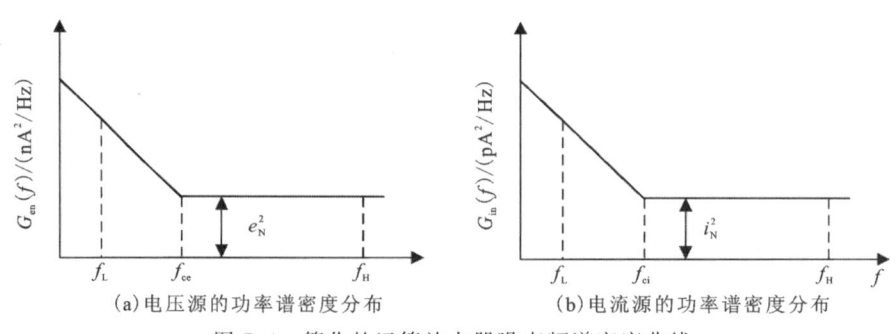

(a)电压源的功率谱密度分布　　(b)电流源的功率谱密度分布

图 5.4 简化的运算放大器噪声频谱密度曲线

通过解析的方法,可将功率密度表示为

$$G_{en}(f) = e_N^2 \left(\frac{f_{ce}}{f} + 1 \right) \tag{5.4}$$

$$G_{in}(f) = i_N^2 \left(\frac{f_{ci}}{f} + 1 \right) \tag{5.5}$$

由式(5.4)和式(5.5),可求得噪声电压 E_n 和噪声电流 I_n 有效值为

$$E_n = \sqrt{\int_{f_L}^{f_H} G_{en}(f) df} = e_N \sqrt{f_{ce} \ln \frac{f_H}{f_L} + (f_H - f_L)} \tag{5.6}$$

$$I_n = \sqrt{\int_{f_L}^{f_H} G_{in}(f) df} = i_N \sqrt{f_{ci} \ln \frac{f_H}{f_L} + (f_H - f_L)} \tag{5.7}$$

3. 外部干扰噪声

在 GMI 传感器噪声测试过程中,传感器电路被置于屏蔽筒中,外部环境的电磁干扰对传感器电路的影响可忽略不计,因此本书未做考虑。

5.1.3 噪声建模思路

前述讨论了单个无源器件或有源器件的噪声模型,而传感器系统通常由众多元器件组成,因此如何利用单个元器件的噪声模型,推导出其在系统输出端的噪声大小,是本节内容将阐述的主要问题。如图 5.5 所示为本书中 GMI 传感器等效输入噪声模型的思路框图。

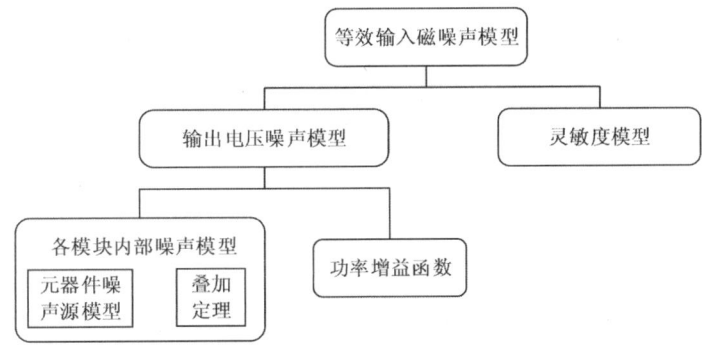

图 5.5 本书中 GMI 传感器等效输入噪声模型的思路框图

如图 5.5 所示,建模过程可分为 3 步:①建立传感器的输出电压噪声模型,该模型的建立基于叠加定理,利用元器件的噪声源模型,可建立各模块的内部噪声模型,然后再考虑功率传递函数,即可得各模块噪声对总输出电压噪声的贡献大小。②建立灵敏度模型,该模型主要由 GMI 元件的固有灵敏度、激励电压幅度和调理电路增益共同决定。③通过输出电压噪声模型和灵敏度模型,可建立等效输入磁噪声模型。下面将依据叠加定理和功率传递函数,阐述输出电压噪声模型的建立方法。

1. 叠加定理

单个放大电路是由多个有源和无源器件组成的,这些器件均有可能成为噪声源。根据叠

加原理,在线性网络中,多个信号源同时作用的综合输出结果是各个信号源单独作用(将其他电压源短路,其他电流源断路)输出响应的综合结果。但是,因为噪声的随机性,在综合过程中,不能对各个噪声源单独作用时的输出电压瞬时值进行叠加,只能对各单独输出统计量(如功率谱、功率等)进行叠加。

设 $S_m(f)$ 为噪声源 m 的功率谱密度函数,$m=1,2,3,\cdots,M$,$G_{pm}(f)$ 是从噪声源到电路输出的功率放大倍数,$S_{om}(f)$ 是噪声源 m 在电路输出端产生的功率谱密度函数,则有

$$S_{om}(f) = S_m(f) G_{pm}(f) \tag{5.8}$$

通常,电路中各个噪声源是相互独立的,因此它们产生的噪声互不相关。因此电路输出端总噪声功率谱密度 $S_o(f)$ 等于各个噪声源单独作用在输出端产生的功率谱密度之和,即

$$S_o(f) = \sum_{m=1}^{M} S_{om}(f) \tag{5.9}$$

式(5.9)严格成立的条件是各个噪声源产生的噪声互不相关。如果这些噪声源中任何两个噪声源之间的相关性都不强,或者具有相关性的噪声源对输出影响不大,则式(5.9)近似成立。

2. 功率传递函数

模拟 GMI 传感器电路的组成包括 GMI 元件、激励源、v-i 转换器、前置放大器、乘法器、低通滤波器和仪表放大器。在获得各模块内部噪声及其功率增益的基础上,为了计算各个模块对总输出噪声的贡献大小,绘出噪声功率增益传递函数系统框图(图 5.6)。

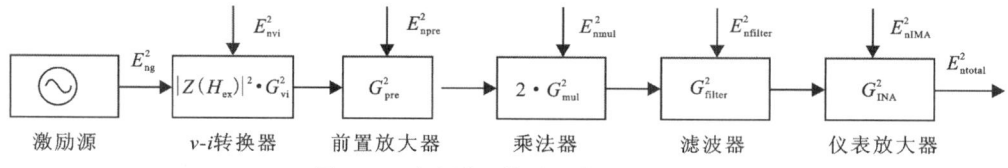

图 5.6 功率增益传递函数系统框图

E_{nX}^2 表示模块 X 的内部噪声源功率谱密度,通过式(5.9)可计算模块内部各元器件的输出噪声谱密度之和。其中,由 GMI 元件阻抗实部引起的热噪声,作为前置放大器输入信号源内阻噪声考虑,计算在前置放大器内部噪声之中,在图中并未标识出来。而 G_{nX}^2 表示模块 X 的功率增益函数,对于线性系统,如 v-i 转换器、前置放大器等,其表达式为电压增益的平方;而对于非线性系统,如乘法器的功率增益是电压增益的 $\sqrt{2}$ 倍,其中 $\sqrt{2}$ 被称为功率增益因子。功率增益因子与乘法器的幅频特性有关。

由此可计算 GMI 传感器总输出噪声功率谱密度的表达式为

$$\begin{aligned}
E_{ntotal}^2 = & E_{ng}^2 \cdot (|Z(H_{ex})|^2 \cdot G_{vi}^2 \cdot G_{pre}^2 \cdot 2 \cdot G_{mul}^2 \cdot G_{filter}^2 \cdot G_{INA}^2) + \\
& E_{nvi}^2 \cdot (G_{pre}^2 \cdot 2 \cdot G_{mul}^2 \cdot G_{filter}^2 \cdot G_{INA}^2) + \\
& E_{npre}^2 \cdot (2 \cdot G_{mul}^2 \cdot G_{filter}^2 \cdot G_{INA}^2) + \\
& E_{mul}^2 \cdot (G_{filter}^2 \cdot G_{INA}^2) + \\
& E_{nfilter}^2 \cdot G_{INA}^2 + E_{nINA}^2
\end{aligned} \tag{5.10}$$

第 5 章　GMI 传感器噪声建模与分析

对于磁传感器，输出电压噪声谱密度为 E_{ntotal}，电压灵敏度为 S_v，则其等效输入磁噪声谱密度 B_{ninput} 满足关系式

$$B_{\text{ninput}} = \frac{E_{\text{ntotal}}}{S_v} \tag{5.11}$$

针对上述建立的 GMI 传感器噪声谱密度模型，通过 Matlab 软件，可对各个模块噪声对总输出贡献的大小进行仿真计算。考虑不同类型噪声频谱分布特点，在模拟信号的噪声分析阶段主要考虑白噪声，如此可简化系统的噪声分析过程，以下为系统各个模块噪声分析与求解。根据仿真结果可优化电路参数，并通过实验进行验证。整个仿真计算流程图如图 5.7 所示。

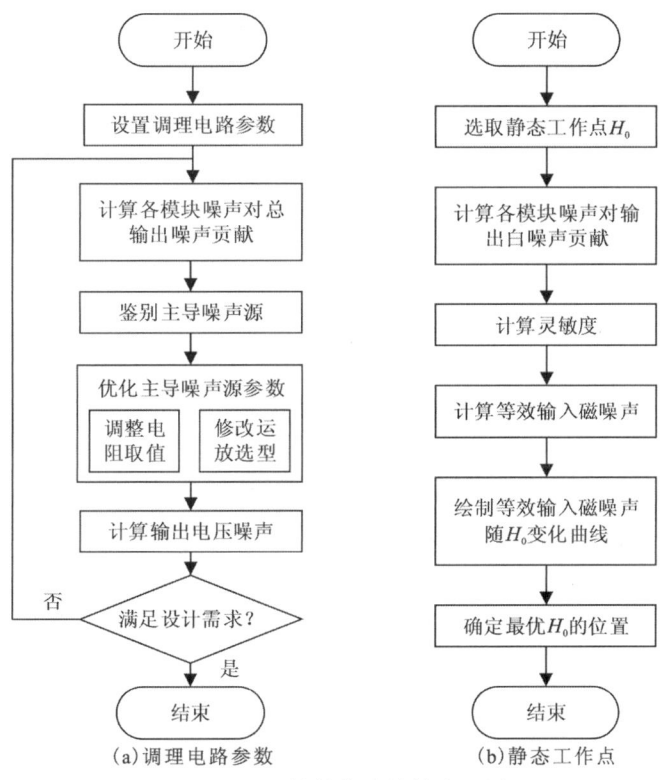

图 5.7　Matlab 软件仿真计算流程图

如图 5.7(a)所示为研究调理电路参数对 GMI 传感器输出电压噪声影响的 Matlab 仿真计算流程图。首先，在 Matlab 软件中设置调理电路参数；然后，依据建立的输出电压噪声模型，在 Matlab 软件中计算各模块噪声对总输出噪声的贡献大小，并依此绘制输出电压噪声谱密度曲线。根据各模块贡献大小，鉴别主导噪声源。在此基础上，对主导噪声源参数进行修改，包括调整电阻取值、修改运放选型等，以优化主导噪声源的输出噪声水平。最后，计算输出电压噪声，判断是否满足设计要求，如是，则结束仿真；如否，则进入下一次流程，从计算各模块噪声对总输出噪声贡献大小开始，直到满足设计要求。

如图 5.7(b)所示为研究静态工作点对 GMI 传感器等效输入磁噪声水平的影响的 Matlab 仿真计算流程图。首先，确定静态工作点的选取范围；然后，计算各模块噪声对输出白噪声的贡献大小，其中包括总输出白噪声水平；接着，计算灵敏度，并根据总输出白噪声和

灵敏度,进一步计算等效输入磁噪声;最后,绘制等效输入磁噪声随静态工作点 H_0 变化曲线,并依此确定最优的 H_0 位置。

5.2 模拟 GMI 传感器的噪声模型描述

在前文已经分析了 GMI 传感器的噪声来源,并给出噪声建模思路的基础上,接下来的工作是针对具体的 GMI 传感器信号调理电路,分别对输出电压噪声模型、灵敏度模型和等效输入噪声模型进行求解。值得注意的是,传感器开环结构与闭环结构具有相同的噪声特性。为简化过程,给出本书设计的开环 GMI 传感器电路原理图如图 5.8 所示,后续建模过程和仿真计算工作将围绕该电路展开。

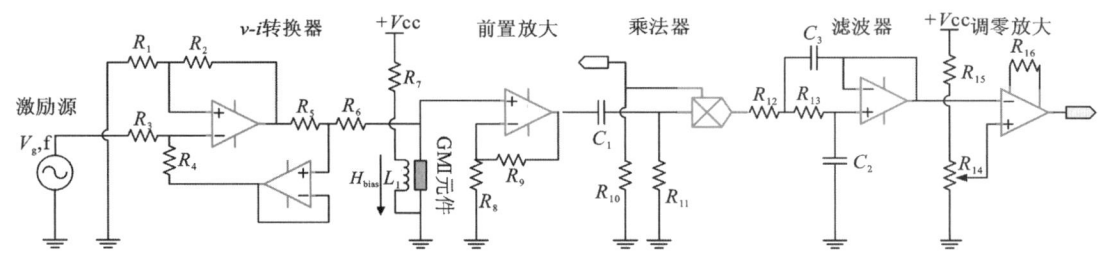

图 5.8 开环 GMI 传感器电路原理图

5.2.1 输出电压噪声模型的建立

针对图 5.8 所示的开环 GMI 传感器信号调理电路,可将其分为 7 部分,包括激励源、v-i 转换器、GMI 元件、前置放大器、乘法器、滤波器和仪表放大器。将仪表放大器的输出电压作为 GMI 传感器的输出信号。因此,可给出各个模块的内部噪声、功率增益函数的描述如表 5.1 所示。

表 5.1 各模块内部噪声和功率增益描述

模块名称	内部噪声	功率增益
激励源	E_{ng}^2	/
v-i 转换器	E_{nvi}^2	$|Z(H_{ex})|^2 \cdot G_{vi}^2$
GMI 元件	E_{nGMI}^2	/
前置放大器	E_{npre}^2	G_{pre}^2
乘法器	E_{nmul}^2	$2 \cdot G_{mul}^2$
滤波器	$E_{nfilter}^2$	G_{filter}^2
仪表放大器	E_{nINA}^2	G_{INA}^2

表 5.1 中,E_{nX}^2 表示模块 X 内部产生的噪声总和,折射到该模块的输出端,同时也是后续模块的输入噪声。G_X^2 表示模块 X 对应的功率增益函数,表示该模块对输入噪声功率的增益

第 5 章 GMI 传感器噪声建模与分析

大小。其中,激励源是整个信号调理电路的输入端,不考虑其功率增益的影响。而 GMI 元件既可作为单独的一级,也可视为前置方法器的信号源内阻,为简化模型,本书中将 GMI 元件作为前置放大器的内阻考虑,其产生的噪声归入前置放大器的内部噪声之中。

此外,值得注意的是,对于整个 GMI 传感器信号调理电路,不同模块的噪声分布与频率的关系具有以下特点:

(1)在调制解调之前,对应乘法器之前(含乘法器),噪声主要集中在激励频率附近的高频范围内,为白噪声。

(2)在调制解调后,对应低通滤波器之后(含低通滤波器),噪声集中在低频段,为 $1/f$ 噪声和白噪声叠加作用的结果。

基于以上特点,对整个 GMI 传感器噪声计算步骤可分为两步:在调制之前,主要考虑模块的白噪声水平;在解调之后,同时考虑模块的 $1/f$ 噪声和白噪声水平,如此可简化噪声模型的求解过程。下面将对各个模块自身产生的噪声进行分步求解,以噪声功率 E_{nX}^2 表示。

1. 激励源

本书中采用的激励源为 DDS,型号为 AD9959,噪声主要为相位噪声,可通过单边噪声谱密度(noise spectral density,NSD)进行表征。查阅 AD9959 的数据手册可知,NSD 值为 $-148\mathrm{dBc/Hz}$,表示相位噪声根据载波频率按 dBc 衰减。由此可计算激励源的输出噪声为

$$E_{ng}^2 = \left(\frac{V_g/\sqrt{2}}{10^{148/20}}\right)^2 = \left(\frac{V_g}{10^{151/20}}\right)^2 \left[\frac{V_{rms}^2}{Hz}\right] \tag{5.12}$$

2. v-i 转换器

v-i 转换器的作用是将 DDS 产生的高频交变电压信号转换为高频交变电流信号,对 GMI 元件进行激励。根据戴维宁等效定律,可等效为电流源,其功率增益函数可表示为

$$G_{vi}^2 = \left(\frac{R_2}{R_1} \cdot \frac{1}{R_5}\right)^2 \tag{5.13}$$

考虑各电阻的热噪声和运算放大器的输入端等效噪声源,v-i 转化器电路噪声模型如图 5.9 所示。

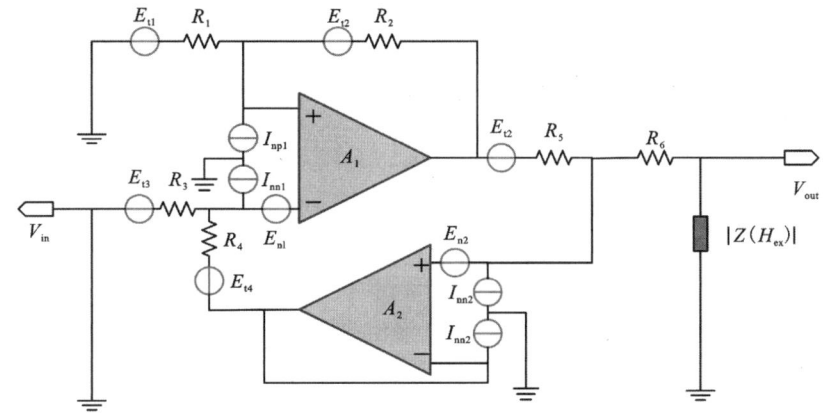

图 5.9　v-i 转换器电路的噪声模型

根据图5.9所示,可将 $v\text{-}i$ 转换器电路内部噪声源分为电阻热噪声和运放噪声两部分。

1) 电阻热噪声

各电阻的热噪声表示为 E_t^2,包括 $R_1 \sim R_5$,其在输出端的贡献为

$$I_{\text{tvi}}^2 = E_{\text{t}1}^2 \left(\frac{R_2}{R_1} \cdot \frac{1}{R_5}\right)^2 + E_{\text{t}2}^2 \left(\frac{1}{R_5}\right)^2 + E_{\text{t}3}^2 \left(\frac{R_2}{R_1} \cdot \frac{1}{R_5}\right)^2 + E_{\text{t}4}^2 \left(\frac{1}{R_5}\right)^2 + E_{\text{t}5}^2 \left(\frac{1}{R_5}\right)^2 \quad (5.14)$$

其中满足 $R_1 = R_3, R_2 = R_4$,故 $E_{\text{t}1} = E_{\text{t}3}, E_{\text{t}2} = E_{\text{t}4}$,式(5.14)可简化为

$$I_{\text{tvi}}^2 = 2E_{\text{t}1}^2 \left(\frac{R_2}{R_1} \cdot \frac{1}{R_5}\right)^2 + 2E_{\text{t}2}^2 \left(\frac{1}{R_5}\right)^2 + E_{\text{t}5}^2 \left(\frac{1}{R_5}\right)^2 \quad (5.15)$$

2) 运放噪声

运放噪声可以通过 en-in 模型进行计算,有

$$I_{\text{vvi}}^2 = \left(\frac{R_1 + R_2}{R_1} \cdot \frac{1}{R_5}\right)^2 \cdot e_N^2 + \left(\frac{1}{R_5}\right)^2 \cdot e_N^2 \quad (5.16)$$

$$I_{\text{ivi}}^2 = 2 \cdot \left(R_2 \cdot \frac{1}{R_5}\right)^2 \cdot i_N^2 + i_N^2 \quad (5.17)$$

其中式(5.16)表示两个运放的电压源噪声在输出端的贡献,式(5.17)表示电流源噪声在输出端的贡献。

故 $v\text{-}i$ 转换器总输出噪声可表示为

$$E_{\text{nvi}}^2 = |Z(H_{\text{ex}})|^2 \cdot (I_{\text{tvi}}^2 + I_{\text{vvi}}^2 + I_{\text{ivi}}^2) \quad (5.18)$$

其中 $|Z(H_{\text{ex}})|^2$ 表示GMI元件等效电阻值。

3. 前置放大器

前置放大器扮演缓冲器的角色,采集GMI元件两端的电压作为输入,其采用同相放大器搭建,保证足够大的输入阻抗,可减小其接入对被测GMI元件电压的影响。它的功率增益函数为

$$G_{\text{pre}}^2 = \left(1 + \frac{R_9}{R_8}\right)^2 \quad (5.19)$$

类似于 $v\text{-}i$ 转换器的分析方法,考虑各电阻的热噪声和运放的等效输入噪声,绘出前置放大器电路噪声模型如图5.10所示。

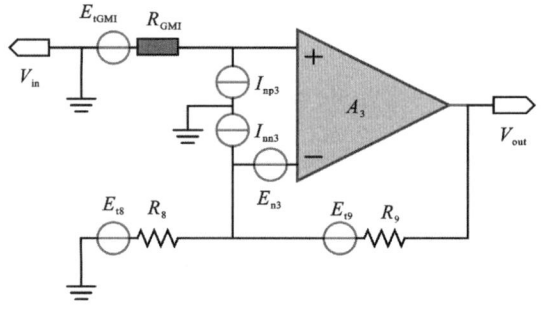

图5.10 前置放大器电路噪声模型

第 5 章　GMI 传感器噪声建模与分析

根据图 5.10 所示，前置放大器自身产生的噪声可分为电阻热噪声和运放噪声两部分。

1) 电阻热噪声

该部分包括反相端输入电阻 R_8、反馈电阻 R_9 的热噪声以及 GMI 元件等效电阻的热噪声，则有

$$E_{\text{tpre}}^2 = E_{\text{tz}}^2 \left(1 + \frac{R_9}{R_8}\right)^2 + E_{\text{t8}}^2 \left(\frac{R_9}{R_8}\right)^2 + E_{\text{t9}}^2 \cdot 1 \tag{5.20}$$

式中：E_{tz} 为 GMI 元件等效电阻的热噪声。

2) 运放噪声

运放噪声可根据 en-in 模型进行计算，有

$$E_{\text{vpre}}^2 = \left(1 + \frac{R_9}{R_8}\right)^2 \cdot e_{\text{N2}}^2 \tag{5.21}$$

$$E_{\text{ipre}}^2 = R_9^2 \cdot i_{\text{N2}}^2 + \left(1 + \frac{R_9}{R_8}\right)^2 R_z^2 \cdot i_{\text{N2}}^2 \tag{5.22}$$

故前置放大器总输出噪声可表示为

$$E_{\text{npre}}^2 = E_{\text{tpre}}^2 + E_{\text{vpre}}^2 + E_{\text{ipre}}^2 \tag{5.23}$$

4. 乘法器

乘法器和后接的低通滤波器构成锁相放大器型检波电路，实现对输入待测信号的幅值检测。与基于二极管的峰值检测和基于有效值(root mean square,RMS)检测的方式相比，锁定放大器具有更高的信噪比，这得益于其对输入信号的调制解调过程。

在此过程中，参考信号由 DDS 源输入，其噪声主要为相位噪声，这部分噪声相较于待测信号中包含的噪声可忽略不计。而待测信号经过乘法器，其输出噪声功率变为输入噪声功率的 $\sqrt{2}$ 倍，则乘法器的功率增益可表示为

$$G_{\text{nmul}}^2 = \left(\sqrt{2} \cdot G_{\text{mul}}\right)^2 \tag{5.24}$$

式中：$\sqrt{2}$ 为噪声功率增益因子；G_{mul} 为乘法器的电压增益，可表示为

$$G_{\text{mul}} = 0.5 \cdot V_r \cdot \cos\theta \tag{5.25}$$

其中，V_r 为参考信号幅度；θ 为待测信号与参考信号的相位差。

除了对输入噪声的增益，乘法器自身也产生噪声。图 5.11 为乘法器电路的噪声模型。

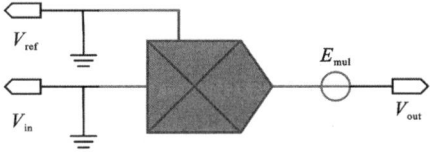

图 5.11　乘法器电路的噪声模型

由图 5.11 可知，乘法器产生的噪声为其内部等效输出噪声源 E_{mul}，故乘法器的总输出噪声可表示为

$$E_{\text{nmul}}^2 = E_{\text{mul}}^2 \tag{5.26}$$

5. 滤波器

滤波器被设计为二阶巴特沃斯低通滤波器,其频率响应函数具有通频带平坦,带外衰减速率为 $-20\mathrm{dB}/10$ 倍频程。它对乘法器输出的调制信号进行滤波,输出调制信号中的直流分量,功率增益为频率的函数,可表示为

$$G_{\text{filter}}^2 = \left(\frac{1}{\sqrt{1+(f/f_c)}}\right)^2 \tag{5.27}$$

式中:f_c 为低通滤波器的截止频率,由 R、C 的取值决定。

类似前述放大电路的噪声分析方法,考虑各电阻的热噪声和运放的等效输入噪声,给出滤波器电路的噪声模型如图 5.12 所示。

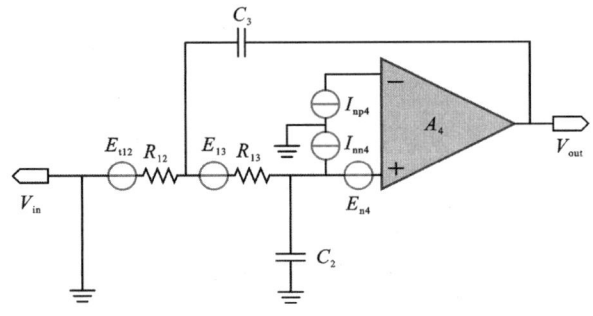

图 5.12 滤波器电路噪声模型

由图 5.12 可知,低通滤波器自身产生的噪声可分为电阻热噪声和运放噪声两部分。

1) 电阻热噪声

$$E_{\text{tfilter}}^2 = E_{\text{t12+13}}^2 \tag{5.28}$$

2) 运放噪声

$$E_{\text{vfilter}}^2 = e_{\text{N3}}^2 \cdot 1 \tag{5.29}$$

$$E_{\text{ifilter}}^2 = (R_{12} + R_{13})^2 \cdot i_{\text{N3}}^2 \tag{5.30}$$

故低通滤波器总输出噪声可表示为

$$E_{\text{nfilter}}^2 = E_{\text{tfilter}}^2 + E_{\text{vfilter}}^2 + E_{\text{ifilter}}^2 \tag{5.31}$$

6. 仪表放大器

以仪表放大器为核心,搭建调零放大电路,实现对滤波器输出直流信号的偏置消除和后级放大。它的功率增益可由增益电阻设定,为

$$G_{\text{INA}}^2 = \left(1 + \frac{50\,000}{R_{\text{gian}}}\right)^2 \tag{5.32}$$

与一般放大电路的噪声分析类似,考虑各电阻的热噪声和仪表运放的等效输入噪声模型,给出仪表放大器电路噪声模型如图 5.13 所示。

第 5 章 GMI 传感器噪声建模与分析

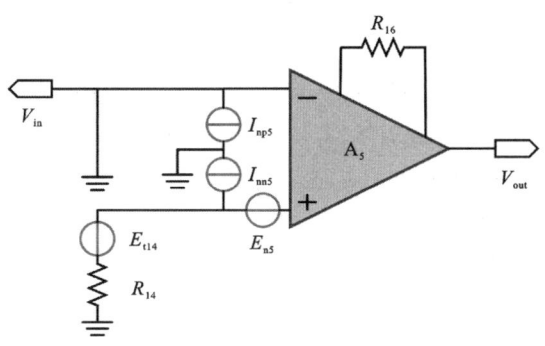

图 5.13 仪表放大器噪声模型

由图 5.13 可知,仪表放大器产生的噪声主要包括电阻热噪声和运放噪声两部分。

1) 电阻热噪声

此处主要考虑调零电位器热噪声,为

$$E_{tINA}^2 = G_{INA}^2 \cdot E_{t14}^2 \tag{5.33}$$

2) 运放噪声

值得注意的是,与常用的单运放结构不同,仪表运放内部通常由至少 3 个运放组成。以 INA128 为例,其内部为 3 个运放,可分为两级结构。其中前级的 2 个运放分别作为同相、反相端输入缓冲器,后级的 1 个运放搭建差分放大电路。这样的设计使得仪表运放具有高输入阻抗、高共模抑制比的特点。它的噪声模型亦可用 en-in 模型描述,等效至运放的输入端,由此可得运放输出噪声为

$$E_{vINA}^2 = G_{INA}^2 \cdot e_{N4}^2 \tag{5.34}$$

$$E_{iINA}^2 = G_{INA}^2 \cdot R_{14}^2 \cdot i_{N4}^2 \tag{5.35}$$

由此可得,仪表运放输出总噪声可表示为

$$E_{nINA}^2 = G_{INA}^2 (E_{tINA}^2 + E_{vINA}^2 + E_{iINA}^2) \tag{5.36}$$

至此,对于 GMI 传感器信号调理电路中的每个模块,它自身产生的噪声表达式及其功率增益表达式均已给出,结合式(5.10),即可计算各模块对传感器总输出噪声的贡献大小。

5.2.2 灵敏度模型的建立

对于 GMI 传感器,其输出电压灵敏度的定义为

$$S_v = \frac{dV_{out}}{dH_{ex}} \tag{5.37}$$

式中:V_{out} 为 GMI 传感器输出电压;H_{ex} 为待测磁场,即 GMI 元件所处的外磁场的大小,由此获得 S_v 的单位为 V/T。

进一步考虑 GMI 传感器信号处理电路的信号链,可得输出电压灵敏度的表达式为

$$S_v = S_\Omega \cdot I_g \cdot (G_{pre} G_{mul} G_{filter} G_{INA}) \tag{5.38}$$

式中:S_Ω 为 GMI 元件的固有灵敏度;I_g 为流过 GMI 元件的激励电流幅度大小;G_X 等为各级调理电路模块的增益。

同时，I_g 的幅值大小与 DDS 激励电压幅值和 v-i 转换器的增益有关，即

$$I_g = V_g \cdot G_{vi} \tag{5.39}$$

综合式(5.38)和式(5.39)，可得 GMI 传感器输出电压灵敏度表达式为

$$S_v = S_\Omega \cdot V_g \cdot (G_{vi} G_{pre} G_{mul} G_{filter} G_{INA}) \tag{5.40}$$

由式(5.40)可知，GMI 传感器输出电压灵敏度由 GMI 元件固有灵敏度、激励源电压幅度和信号调理电路增益共同决定。理论上，对于给定的 GMI 元件（S_Ω 固定），选取较大的激励电压幅度 V_g 和调理电路增益 G_X，GMI 传感器获得输出电压灵敏度越大。实际上，调理电路中各级运放的输出均受限于供电电压 V_{cc}，且提高增益无法降低调理电路的固有噪声，因此其增益不能无限大。

对于确定的测量范围和输出电压范围，GMI 传感器的灵敏度是可计算的，记为设定电压灵敏度 S_{vset}。此时，如何设计调理电路中各级放大电路的增益 G_X，满足设定的 S_{vset}，同时使得传感器输出总噪声水平最低？为此，下节对 GMI 传感器的等效输入磁噪声模型进行讨论。

5.2.3 等效输入磁噪声模型的建立

GMI 传感器的等效输入磁噪声水平，其定义为

$$b_{ntotal} = \frac{e_{ntotal}}{S_v} \tag{5.41}$$

式中：e_{ntotal} 为 GMI 传感器输出电压噪声谱密度（$V/\sqrt{Hz}$）；S_v 为 GMI 传感器电压灵敏度（V/T）。

由此可得，等效输入磁噪声谱密度 b_{ntotal}，其单位为 $T/\sqrt{Hz}$。

对于本书中设计的开环 GMI 传感器，第 5.1 节中的噪声建模思路给出了其输出端电压噪声模型，如式(5.10)所示，结合第 5.1.2 节中调理电路的噪声模型，可推导出最终的输出电压噪声谱密度表达式。而第 5.2.2 节中给出了灵敏度模型，如式(5.39)所示。因此，联立式(5.10)、式(5.39)和式(5.40)，可推导得到等效输入磁噪声模型，即

$$B_{ninput}^2 = \frac{1}{S_\Omega^2 \cdot V_g^2} \cdot \left[(E_{ng} \cdot |Z(H_{ex})| \cdot \sqrt{2})^2 + \left(\frac{E_{nvi}}{G_{vi}} \cdot \sqrt{2}\right)^2 + \left(\frac{E_{npre}}{G_{vi} \cdot G_{pre}} \cdot \sqrt{2}\right)^2 + \right.$$
$$\left(\frac{E_{nmul}}{G_{vi} \cdot G_{pre} \cdot G_{mul}}\right)^2 + \left(\frac{E_{nfilter}}{G_{vi} \cdot G_{pre} \cdot G_{mul} \cdot G_{filter}}\right)^2 +$$
$$\left. \left(\frac{E_{nINA}}{G_{vi} \cdot G_{pre} \cdot G_{mul} \cdot G_{filter} \cdot G_{INA}}\right)^2 \right] \tag{5.42}$$

式中：E_{nX} 为传感器电路中模块 X 输出噪声的有效值；$|Z(H_{ex})|$ 为 GMI 元件在对应外磁场 H_{ex} 下的阻抗的模长；$\sqrt{2}$ 为乘法器噪声功率增益因子。

式(5.42)与弗里斯公式具有类似的形式，这说明了一个重要的事实：在 GMI 传感器信号调理电路中，各级的固有噪声对总输入噪声水平的影响是不同的，且越是前级影响越大，第一级影响最大，对应的系数为（$|Z(H_{ex})| \cdot \sqrt{2}$），这表明在整个 GMI 传感器电路中，激励电路的噪声影响最大，因此对低噪声激励源电路的设计至关重要。

同样地,后接的幅值检测放大电路由多级放大电路级联而成。如果第一级的功率放大倍数 G_{pre} 足够大,则检测放大电路的等效输入噪声水平的贡献主要取决于第一级的固有噪声。因此在设计幅值检测电路时,必须确保第一级的固有噪声足够小,那么前置放大器的选择和电路设计就显得至关重要。

5.3 模拟 GMI 传感器噪声优化

根据前文建立的调理电路噪声模型,笔者通过 Matlab 软件,对 GMI 传感器输出电压噪声进行仿真计算,主要研究调理电路参数、静态工作点两个因素对 GMI 传感器输出电压噪声水平、等效输入磁噪声水平的影响。

5.3.1 调理电路参数的影响

由式(5.10),结合 5.1.2 节中的调理电路的噪声源模型,可仿真计算 GMI 传感器输出电压噪声谱密度曲线,并分析各模块对总输出噪声水平的贡献大小,然后对其中起主导作用的模块的内部噪声源进行优化,进而改善总输出噪声水平。

依据弗里斯公式,满足系统总噪声系数最小的原则,对调理电路中各级模块的增益进行规划,设置仿真参数如表 5.2 所示。

表 5.2 仿真参数设置

项目	仿真参数
激励电压 V_g	1V
v-i 转换器 G_{vi}	0.01A/V
前置放大器 G_{pre}	10V/V
乘法器 G_{mul}	0.5V/V
滤波器 G_{filter}	1V/V
仪表放大器 G_{INA}	200V/V

如表 5.2 所示,设置激励电压幅度 $V_g=1V$,v-i 转换器增益 $G_{vi}=0.01A/V$,可得激励电流幅度为 0.01A,即 10mA,同时设置频率 $f_g=5MHz$,以获得敏感元件最佳 GMI 效应。由灵敏度模型[式(5.39)],可计算输出电压灵敏度为 $1\times10^4 V/T$。在分析带宽 10kHz 的条件下,我们计算了各模块输出电压噪声谱密度曲线,结果如图 5.14 所示。

如图 5.14 所示,在 1~10kHz 的分析带宽内,对于调制解调前的 4 个模块(包括激励源、v-i 转换器、前置放大器和乘法器),我们主要考虑 f_g 附近的白噪声,其噪声功率谱密度曲线为常数值。而对于解调后的 2 个模块(低通滤波器和仪表放大器),噪声主要集中在低频,为 $1/f$ 噪声和白噪声的叠加效果。而总输出噪声电压谱密度为前述各个模块输出电压谱密度之和。在白噪声频率段,总输出噪声为 $e_{ntotal}=1.39\times10^{-5}V/\sqrt{Hz}$,其中乘法器模块($e_{nmul}=1\times10^{-5}V/\sqrt{Hz}$)

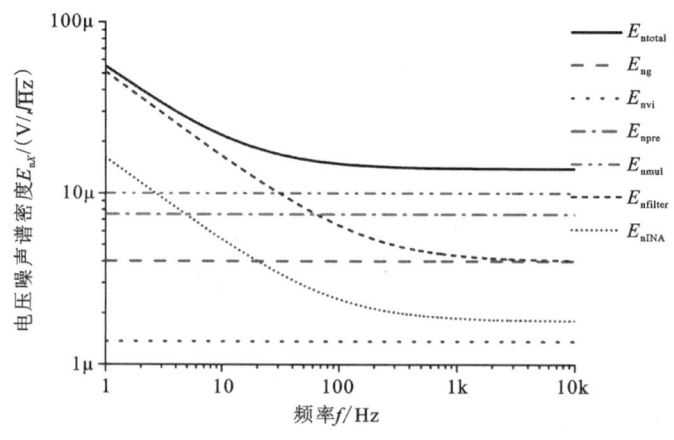

图 5.14 各模块对总输出电压噪声贡献大小

和前置放大器模块($e_{npre}=7.53\times10^{-6}\,\text{V}/\sqrt{\text{Hz}}$)贡献最大,而 $v\text{-}i$ 转换器模块和仪表放大器模块的影响相对较小。在低频 $1/f$ 频率段,总输出噪声在 1Hz 时为 $e_{ntotal2}=5.52\times10^{-5}\,\text{V}/\sqrt{\text{Hz}}$,这主要取决于低通滤波器模块在 1Hz 时的噪声($e_{nfilter}=5.11\times10^{-5}\,\text{V}/\sqrt{\text{Hz}}$)。因此,根据各模块对总输出电压噪声谱密度的贡献大小,不难发现,乘法器、前置放大器和低通滤波器起主导作用,前两者作用于高频白噪声,后者作用于低频 $1/f$ 噪声。

下面根据 5.1.2 节中的调理电路噪声模型,对上述 3 个主导噪声源模块内部的元器件噪声进行研究,对其中贡献较大的噪声源进行优化设计。

1. 乘法器

由乘法器的噪声模型可知,其内部噪声源主要是等效输出噪声电压源,该噪声源决定了乘法器的固有噪声水平。通常,该参数与乘法器输出带宽密切相关。表 5.3 给出了典型的模拟乘法器性能对比表。

表 5.3 典型模拟乘法器性能对比表

供应商	型号	带宽 B_w/Hz	等效输出噪声 $e_N/(\text{V}/\sqrt{\text{Hz}})$
TI 公司	MPY634	10M	0.8μ
ADI 公司	AD633	1M	0.8μ
	AD835	250M	50n
	AD834	500M	16n

如表 5.3 所示,AD633 的带宽 $B_w=1\text{MHz}$,小于载波频率 $f_g=5\text{MHz}$,在输入端容易引起带宽不足导致的非线性失真。TI 公司的 MPY634 和 ADI 公司的 AD633,两者性能相近,输入带宽均为高于 1MHz,满足调制解调的带宽需求,但其等效输出噪声均在微伏量级,对调制信号的噪声水平影响较大。若采用 ADI 公司的 AD834/AD835 芯片,其等效输出噪声水平均在纳伏量级,相对其他乘法器具有固有噪声低的优势,对调制解调信号噪声水平造成的影响

较小。但值得注意的是,两者均为宽带四象限乘法器,AD835 带宽为 250MHz,而 AD834 高达 500MHz。后者过高的带宽裕量,会使宽带噪声在乘法器的带宽内累计,从而降低传感器电路的信噪比。因此,综合考虑,笔者选择带宽满足需求,同时等效输出噪声水平低至 $50\text{nV}/\sqrt{\text{Hz}}$ 的 AD835 型乘法器。

2. 前置放大器

由前置放大器的噪声模型可知,其固有噪声来源包括两部分,即电阻热噪声和运放的噪声(可表示为 en-in 模型)。为进一步分析各元器件噪声源对前置放大器固有噪声贡献大小,设置仿真参数如表 5.4 所示。

表 5.4 前置放大器仿真参数

仿真参数	R_8/Ω	R_9/Ω	$e_N/(\text{nV}/\sqrt{\text{Hz}})$	$i_N/(\text{pA}/\sqrt{\text{Hz}})$
配置 1	1000	9100	2.6	2.7
配置 2	100	910	2.6	2.7
配置 3	100	910	1.2	2.8

表 5.4 中设置了 3 组不同参数配置。其中,配置 1 和配置 2 运放相同为 OPA842,增益控制电阻 R_8、R_9 取值不同;配置 2 和配置 3 增益控制电阻 R_8、R_9 取值相同,而运放不同,配置 3 的运放为 OPA846。当配置如表 5.4 中配置 1 所列时,可得各噪声源贡献大小如表 5.5 所示。

表 5.5 不同配置情况下各元器件噪声贡献

项目	电阻	运放		合计
	热噪声 $E_t/$ $(\text{V}/\sqrt{\text{Hz}})$	电压噪声 $E_{vvi}/$ $(\text{V}/\sqrt{\text{Hz}})$	电流噪声 $E_{ivi}/$ $(\text{V}/\sqrt{\text{Hz}})$	总输出噪声 $E_{nvi}/$ $(\text{V}/\sqrt{\text{Hz}})$
配置 1	3.92×10^{-8}	2.63×10^{-8}	2.45×10^{-8}	5.32×10^{-8}
配置 2	1.30×10^{-8}	2.62×10^{-8}	2.47×10^{-9}	2.94×10^{-8}
配置 3	1.30×10^{-8}	1.21×10^{-8}	2.56×10^{-9}	1.79×10^{-8}

如表 5.5 所示,由配置 1 的计算结果可知,电阻热噪声对前置放大器固有噪声的贡献最大,而运放电压噪声和电流噪声大小相当,在满足增益不变的前提下,减小 $R_8=100\Omega$,如配置 2 所示。对比配置 1 和配置 2 的结果可知,选取增益电阻 $R_8=100$,可明显减小前置放大器输出噪声水平,此时,前置放大器的输出噪声水平主要受限于运放的等效输入电压噪声,若改用更低电压噪声的运放,如配置 3,可进一步减小前置放大器的噪声水平。对比前文可知,设置相同的增益电阻,选取等效输入噪声水平更小的运放 OPA846,可进一步改善运放的输出噪声,此时电阻热噪声和运放电压噪声相当。

3. 低通滤波器

低通滤波器模块内部产生的噪声包括两部分,即电阻的热噪声和运放的等效噪声。为满足截止频率的要求,本书中设置截止频率为10Hz,电阻的取值$R_{12}=R_{13}=10\text{k}\Omega$,电容的取值$C_2=3.9\mu\text{F}$,$C_3=620\text{nF}$。选取高精度运放OPA227,其等效输入电压噪声$e_N=3\times10^{-9}\text{V}/\sqrt{\text{Hz}}$,电流噪声$i_N=0.4\times10^{-12}\text{A}/\sqrt{\text{Hz}}$,由此可计算低通滤波器内部各噪声源输出电压噪声谱密度曲线如图5.15所示。

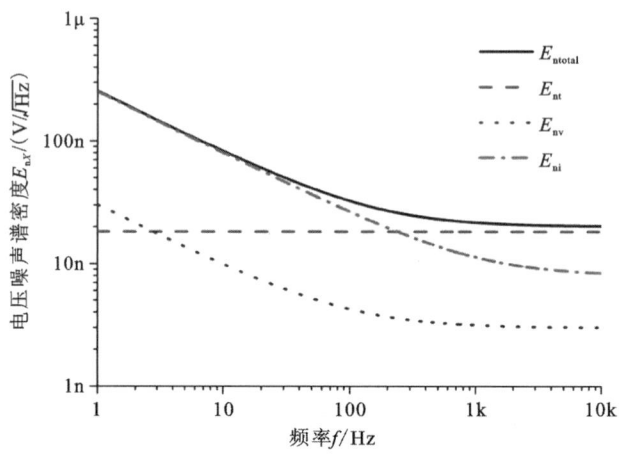

图5.15 低通滤波器内部各噪声源贡献

如图5.15所示,滤波器输出总噪声E_{ntotal}是电阻热噪声E_{nt}、运放电压噪声E_{nv}和电流噪声E_{ni}叠加的效果。可见,运放的电流噪声对总输出噪声的贡献最大,尤其在低频$1/f$区域,频率f为1Hz时,$E_{\text{ntotal}}=2.56\times10^{-7}\text{V}/\sqrt{\text{Hz}}$,其中$E_{\text{ni}}=2.53\times10^{-7}\text{V}/\sqrt{\text{Hz}}$。因此,在低通滤波器设计中,运放的选型至关重要。表5.6列举了几款运放的噪声性能参数。

表5.6 运放噪声性能对比

型号	带宽/MHz	等效输入电流噪声$i_N/(\text{A}/\sqrt{\text{Hz}})$	等效输入电压噪声$e_N/(\text{V}/\sqrt{\text{Hz}})$
OP27	8	0.7p	3.2n
OPA227	8	0.4p	3n
OPA277	1	0.2p	8n

如表5.6所示,OP27为TI公司低噪声运放的代表性产品,其带宽为8MHz,等效输入电压噪声为$3.2\text{nV}/\sqrt{\text{Hz}}$,电流噪声低至$0.7\text{pA}/\sqrt{\text{Hz}}$。OPA227是OP27的改进产品,其在电流噪声性能上进一步优化,可低至$0.4\text{pA}/\sqrt{\text{Hz}}$,其他参数与OP27相近。作为OP227的同代产品,OPA277带宽较小,但电流噪声进一步得到优化,降低为$0.2\text{pA}/\sqrt{\text{Hz}}$,电压噪声为$8\text{nV}/\sqrt{\text{Hz}}$。根据图5.15仿真结果可知,低通滤波器输出噪声中电流噪声起主导作用,选用低电流噪声的运放OPA277可优化滤波器输出噪声,而较窄的带宽对低通滤波器性能没有影响。

5.3.2 静态工作点的选取的影响

关于GMI传感器噪声的研究,前一节主要关注的是传感器信号调理电路中各模块的内部噪声,分析了其对总输出电压噪声的贡献大小。在仿真计算过程中,默认了 GMI 元件的阻抗模长和等效电阻均为固定值。实际上,作为敏感元件,GMI 元件的阻抗随磁场的变化而变化,因此研究敏感元件所处磁场的变化对 GMI 传感器噪声的影响是非常必要的。

通常,GMI 元件所处磁场 H_{ex} 可以表示为

$$H_{ex} = H_0 + h(t) \tag{5.43}$$

式中:H_0 称为 GMI 传感器的静态工作点,它表示加载的待测磁场为零时,GMI 元件所处的静态磁场的大小;$h(t)$ 表示外磁场在 H_0 附近的微小变化,即 GMI 传感器的待测磁场。

图 5.16 为各个模块对 GMI 传感器输出白噪声随 H_{ex} 变化曲线。由图可见激励源和 v-i 转换器的白噪声水平受静态工作点的影响较为明显,原因是静态工作点的变化引起了 GMI 元件阻抗模长的变化,从而间接改变了 GMI 元件上的电压噪声。而对于后续的检测放大电路,静态工作点的影响几乎为零,因为其噪声来源于模块内部元器件的固有噪声,对磁场不敏感。由此可知调理电路中乘法器模块和前置放大器对输出白噪声水平起主导作用,这和图 5.15 的结论一致。

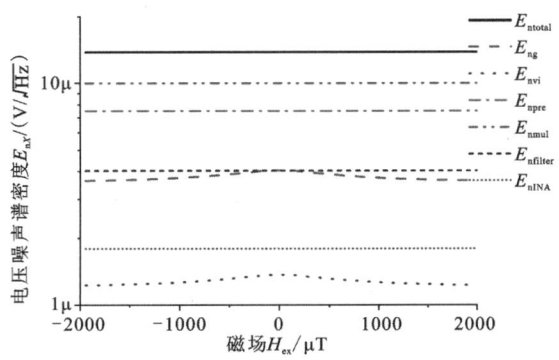

图 5.16　各模块对 GMI 传感器输出白噪声的贡献随 H_{ex} 变化曲线

由 5.1 节中建立的灵敏度模型可知[式(5.40)],输出电压灵敏度主要与 GMI 元件固有灵敏度、激励电流幅度和信号调理电路增益相关。笔者采用的 GMI 元件为 CoFeSiB 薄带,其固有灵敏度可通过 GMI 效应自动测试系统进行测量而间接获得。设置激励电流为 10mA,电路增益为 1000,可得 GMI 传感器输出电压灵敏度随静态工作点变化曲线如图 5.17 所示。

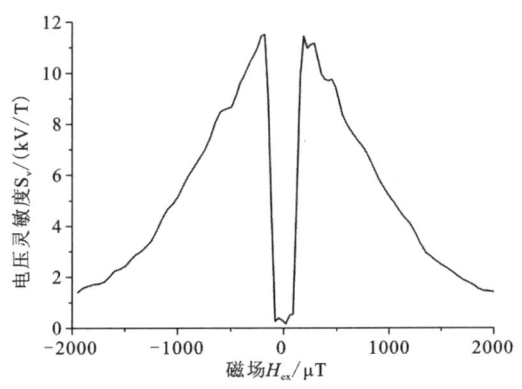

图 5.17　GMI 传感器输出电压灵敏度随 H_{ex} 变化曲线

如图 5.17 所示，在 $H_{ex}=0$ 附近区域内，电压灵敏度 S_v 较小，几乎为零，对应 GMI 元件的不敏感区域。而在关于零磁场对称的位置，曲线存在两个峰值，在 $H_{ex}=\pm 125\mu T$ 的位置取得，对应 GMI 元件固有灵敏度最大。

根据 5.2.3 节中的等效磁噪声模型，可得 GMI 传感器等效输入磁噪声随静态工作点 H_0 的变化曲线如图 5.18 所示。

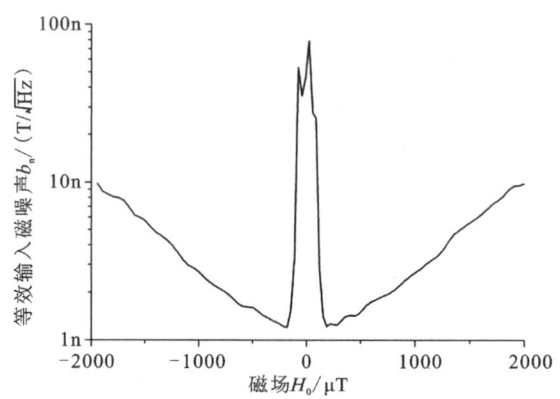

图 5.18　GMI 传感器输出等效输入磁噪声随 H_0 变化曲线

由图 5.18 可知，在关于零磁场对应的位置 $H_0=\pm 125\mu T$，获得 GMI 传感器的等效磁噪声水平最小值为 $1.03 nT/\sqrt{Hz}$。而随着静态工作点进一步远离零磁场，等效磁噪声水平逐渐增加。由此可以推断，设置静态工作点位置为 $H_0=\pm 125\mu T$，对应 GMI 传感器等效输入噪声水平最优，这为基于 VITROVAC 6025Z 软磁材料的 GMI 传感器静态工作点的选取提供理论依据。

进一步地，对于以其他型号 Co 基薄带为敏感元件的 GMI 传感器，激励方式为对角激励且直接加载于 GMI 元件，其静态工作点的选取原则是设置静态工作点位置在 GMI 元件固有灵敏度最大的位置，可获得 GMI 传感器等效输入磁噪声水平最低。

5.4　数字 GMI 磁传感器基础元件噪声模型及建模思路

为了进一步降低 GMI 传感器的噪声水平，笔者在模拟 GMI 传感器噪声模型的基础上，完善了数字化 GMI 传感器的噪声模型。图 5.19 为数字化 GMI 传感器系统结构图，其噪声来源可以分为两个主要部分：首先是系统所使用的敏感材料的自身噪声，其噪声一般与材料制备工艺相关，对于敏感材料自身噪声的研究与 5.1.1 节相同；其次是信号检测电路的噪声，包括模拟部分的元器件噪声和数字化计算中所引入的噪声。

5.4.1　信号处理电路噪声

数字化 GMI 传感器系统的信号处理电路由模拟电路与数字电路构成，且两部分在信号处理中均对最终输出电路噪声有一定贡献。对于模拟电路，噪声由电荷载体的随机运动引

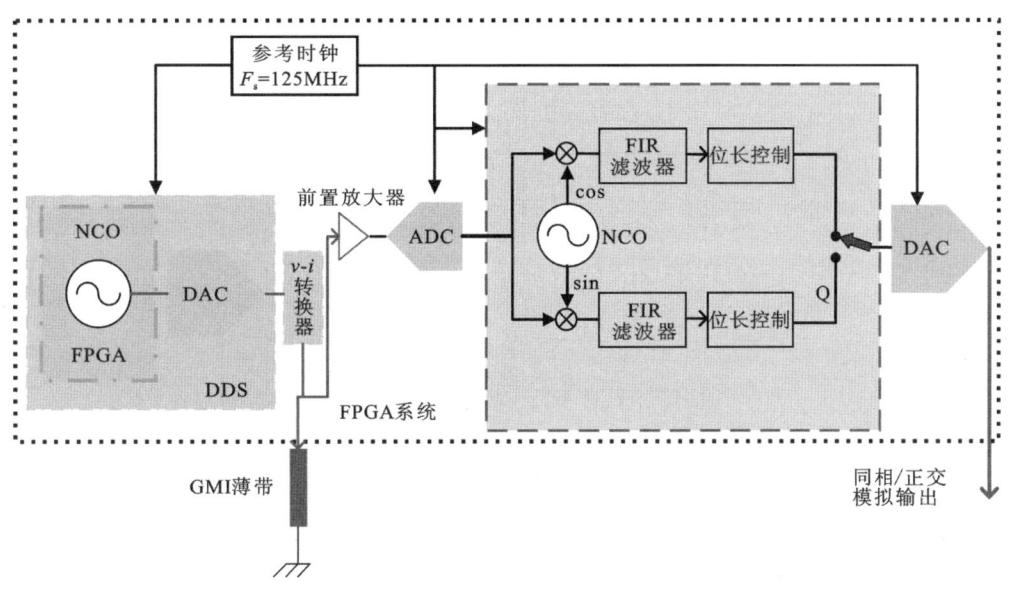

图 5.19　数字化 GMI 传感器系统结构图

起;而对于数字电路,噪声则是数据运算带来的。在数字 GMI 传感器信号调理电路中,运算放大器噪声、AD/DA 转换芯片本底噪声、电阻热噪声、数字信号处理误差噪声是系统噪声的主要组成部分。

1. 运算放大器噪声模型

放大器由多个元件构成,各个元件有各自的噪声分析模型,若对各个元件进行分析将导致单个运算放大器噪声模型分析变得复杂。由于运算放大器内部均由线性元件构成,根据线性电路理论,系统的最终输出可等效为各个干扰源的叠加,对于噪声分析来说同样可以使用这样的方法。因此可以使用基于等效原理的运算放大器经典噪声分析模型(en-in 模型),该模型的相关参数已经由生产厂家测试并写入数据手册,方便查阅分析运放性能,放大器的噪声源模型如图 5.2 所示。

使用这种模型对运算放大器进行分析,简化了整个电路的噪声分析过程,通过查阅芯片数据手册中关于噪声模型性能部分参数可知,本书中所采用的运放 OPA637 的噪声参数为 $15\mathrm{nV}/\sqrt{\mathrm{Hz}}(E_\mathrm{n}@10\mathrm{Hz})$、$8\mathrm{nV}/\sqrt{\mathrm{Hz}}(E_\mathrm{n}@100\mathrm{Hz})$、$1.6\mathrm{fA}/\sqrt{\mathrm{Hz}}(I_\mathrm{n}@100\mathrm{Hz})$。

在噪声分析中,可以根据分析频段将其分为低频噪声与白噪声。其中低频噪声的频谱特点为在频率较低的频段曲线不平,且存在随着频率增加而减小的现象,因此也将其称为 $1/f$ 噪声。另一种噪声的特点为在一个较宽的频谱范围内都存在一个较为平坦的噪声水平,即各个频点的功率大致相等,根据其功率谱特点将其称为白噪声。

2. ADC 噪声模型

将一个模拟信号转化为数字信号时需要使用到模数转换器件,由于数字信号的位长有限,因此在进行模数转换时存在量化误差,量化过程与量化误差示意图如图 5.20 所示。

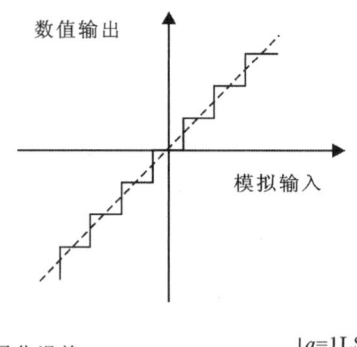

图 5.20 量化过程与量化误差示意图

芯片量化出的电平一般与实际电压值存在一定的误差,此误差通常称为量化误差,由图 5.20 可知最大量化误差是 ±1/2LSB。量化误差在 ±1/2LSB 范围内均匀分布,对于测量范围给定的信号,若采用的量化电平数越多则量化结果精度越高。ADC 芯片使用的量化结果编码使用均匀编码时,量化噪声功率的平均值 N_q 可表示为

$$N_q = E[(m_k - m_q)^2] = \int_a^b (m_k - m_q)^2 f(m_k) dm_k = \sum_{i=1}^{M} \int_{m_i}^{m_{i+1}} (m_k - q_i)^2 f(m_k) dm_k \tag{5.48}$$

式中:E 为量化过程中的统计平均值;m_k 为输入模拟信号抽样时刻的取值;m_q 为量化后的信号值;$f(m_k)$ 为 m_k 概率密度;M 为所使用 ADC 芯片具有的量化电平数,$m_i = a + i\Delta v$,$q_i = a + i\Delta v - \frac{\Delta v}{2}$,假设在量化区间 $[-a, a]$ 内具有均匀密度,由式(5.48)可得噪声功率为

$$N_q = \sum_{i=1}^{M} \int_{-a+(i-1)\Delta v}^{-a+i\Delta v} (m_k + a - i\Delta v + \frac{\Delta v}{2})^2 (\frac{1}{2a}) dm_k = \sum_{i=1}^{M} (\frac{1}{2a})(\frac{(\Delta v)^3}{12}) = \frac{M(\Delta v)^3}{24a} \tag{5.49}$$

由 ADC 量化规则可知,$M\Delta v = 2a$,记 Δv 为 q,表示最小分辨位数,此参数由 ADC 芯片 V_{FS}(动态范围)与 ENOB(最大不失真位数)决定,最终可得 ADC 噪声功率表达式为

$$N_q = \frac{q^2}{12} \tag{5.50}$$

因此,ADC 芯片的噪声均匀分布在奈奎斯特带宽内,其噪声电压的均方根值 e_{ADC} 表达式为

$$e_{ADC} = \sqrt{\frac{N_q}{\frac{FS}{2}}} = \frac{q}{\sqrt{6FS}} = \frac{V_{FS}}{2^{ENOB} \sqrt{6FS}} \tag{5.51}$$

式中:FS 为芯片采样速率;V_{FS} 为芯片输入动态范围。

3. 数字信号处理噪声模型

本书中提出的数字信号处理结构如图 5.19 所示,模拟信号经过 ADC 转化为数字信号后

第 5 章　GMI 传感器噪声建模与分析

将会进入到数字信号处理阶段,该结构主要集成了混频器、一个 CIC 滤波器、一个 FIR 数字低通滤波器,由于数字处理系统位长是有限的,因此会根据需要在各环节之间进行截位操作。综上所述,对数字信号处理阶段的噪声分析涉及 NCO 噪声模型、舍入噪声、数字滤波器噪声等环节的分析。

1) NCO 噪声模型

系统中使用 NCO 模块用于产生正弦与余弦信号,产生的信号将用于 ADC 采集到的模拟信号混频,系统所使用的数据位长为 14 位、设置相位累加器长度为 32 位、相位控制字长度为 14 位,使用分析工具可得 NCO 模块频谱(图 5.21),可以得出其信噪比 $\mathrm{SNR_{NCO}}$ 约为 100dB。

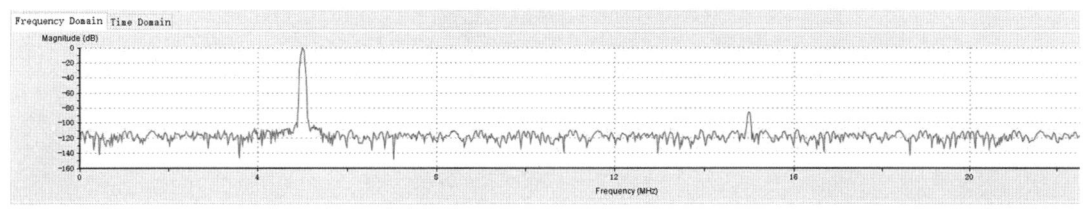

图 5.21　NCO 模块频谱图

$\mathrm{SNR_{NCO}}$ 为全幅度正弦信号的均方根与白噪声的均方根之间的比值,即

$$\mathrm{SNR_{NCO}} = 20\lg\left(\frac{\frac{V_{\mathrm{FS_{NCO}}}}{2\sqrt{2}}}{V_{\mathrm{noise}}}\right) \tag{5.52}$$

其中,$V_{\mathrm{FS_{NCO}}}$ 为模块能够输出的最大电压幅值,由式(5.52)能推出 NCO 模块的噪声均方根值表达式为

$$V_{\mathrm{noise}} = \frac{\frac{V_{\mathrm{FS_{NCO}}}}{2\sqrt{2}}}{10^{\frac{\mathrm{SNR_{NCO}}}{20}}} \tag{5.53}$$

因此可得其噪声密度表达式为

$$e_{\mathrm{NCO}} = \frac{\frac{V_{\mathrm{FS_{NCO}}}}{2\sqrt{2}}}{10^{\frac{\mathrm{SNR_{NCO}}}{20}}\sqrt{\frac{\mathrm{FS}}{2}}} \tag{5.54}$$

2) 舍入噪声

由于数字乘法器的特性,数字信号在经过数字混频器后,输出结果位长为两输入位长之和,本系统中位长为 48 位。为了与后续的解调系统相匹配,需要对输出结果进行截位操作。截位操作在系统信号处理将会被多次使用到,数据在系统中存储方法及截位操作如图 5.22 所示。

图 5.22 中 p 表示需要被舍去的位数,m 表示截位后的长度,S 为数据的符号位。因此,截位操作的输入 y_{in} 与输出 y_{out} 可分别表示为

$$y_{\mathrm{in}} = -2^{-m}S + \sum_{i=0}^{m-1} Z_i 2^i \tag{5.55}$$

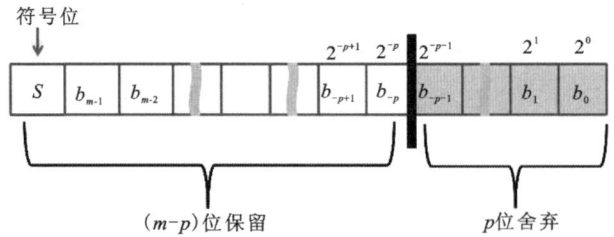

图 5.22 数据截位示意图

$$y_{\text{out}} = -2^{-m}S + \sum_{i=p}^{m-1} Z_i 2^i \quad (5.56)$$

由于位长效应,输入与输出的位长不一致会引入相应的噪声,舍去的数据位数引入了噪声 V_{Round},其表达式为

$$V_{\text{Round}} = \frac{q_{\text{Round}}}{\sqrt{12}} = \frac{2^{-M}}{\sqrt{12}} \quad (5.57)$$

舍入噪声也是存在于奈奎斯特带宽内的,因此其噪声电压均方根值 e_{Round} 为

$$e_{\text{Round}} = \frac{V_{\text{Round}}}{\sqrt{\frac{\text{FS}}{2}}} = \frac{2^{-M}}{\sqrt{6\text{FS}}} \quad (5.58)$$

3)数字滤波器噪声

将通过位长处理后的数据送入滤波器进行处理,滤波器中的噪声主要由乘法器输出的舍入运算而产生。在设计的 FIR 滤波器中,系数长度为 16 位,因此需要同样位长的乘法器,此时乘法器的输出为 24+16=40 位。然而后续处理中需要将数据截位至 21 位,数据低位的丢失导致舍入误差的产生,结合式(5.57),它造成的有效值可表示为

$$V_{\text{mult}} = \frac{2^{-N}}{\sqrt{12}} \quad (5.59)$$

式中:N 为截位后所保留的位数。

由于使用的 FIR 滤波器为系数对称,若要实现 N_1 阶的 FIR 滤波器,需使用 $(N_1+1)/2$ 个乘法器,因此 FIR 滤波器的噪声为每个乘法器的噪声功率之和,表达式为

$$V_{\text{FIR}} = \sqrt{\frac{N_1+1}{2}} V_{\text{mult}} = \sqrt{\frac{N_1+1}{2}} \frac{2^{-N}}{\sqrt{12}} \quad (5.60)$$

FIR 滤波器的噪声功率谱密度 e_{nFIR} 的表达式为

$$e_{\text{nFIR}} = \frac{V_{\text{FIR}}}{\sqrt{\frac{F_S}{2}}} = \sqrt{\frac{N_1+1}{2}} \frac{2^{-N}}{\sqrt{6F_S}} \quad (5.61)$$

5.4.2 系统模型建立方法

上文单独介绍了单个元件或系统组件的噪声模型,但是传感器作为一个硬件系统,由多个不同类型的元器件所组成,因此如何将各个组成部分产生的噪声组合起来推导出系统的噪

声模型，是本节需要解决的主要问题，解决此问题的方法流程与前 5.1.3 节方法一致。

如图 5.5 所示，系统模型建立主要分为 3 个步骤，首先建立了输出噪声模型，根据上述各个模块的噪声模型及系统连接方法，使用叠加定理计算出系统输出端噪声电压水平，同时也能得出各个模块对系统噪声的影响大小。其次建立传感器系统的灵敏度模型，此模型主要与 GMI 敏感元件和数字信号处理系统的增益有关。最后建立系统的等效磁噪声模型，此部分需要结合上述两者的结果，通过换算关系得出传感器最终的等效磁噪声模型。下面阐述使用叠加定理的方法建立系统噪声模型的过程。

由叠加定理可知，在线性系统中，系统的输出可以视作各个信号源单独作用的叠加，但由于噪声具有随机性的特点，因此不能将噪声电压直接进行叠加。根据噪声功率不变的特点，在系统噪声分析时对各个噪声源进行功率谱叠加。该数字 GMI 传感器系统的噪声源功率谱函数的计算方法同 5.1.3 节式(5.8)和式(5.9)所列。

5.5 数字 GMI 磁传感器噪声模型

前文分析了数字 GMI 传感器中各个模块的噪声来源，为了分析系统整体噪声性能，需要结合系统各模块的连接特性对系统进行噪声与灵敏度参数的建模，系统各个信号调理结构如图 5.19 所示，后续的系统噪声水平分析也是围绕这个结构进行展开的。

5.5.1 输出电压噪声模型

针对图 5.19 所示数字化 GMI 传感器结构，系统两个模块分别为激励源与信号调理部分，可以将其细分为 6 个部分，包括激励信号源、$v\text{-}i$ 转换器、GMI 敏感元件、前置放大器、AD 转换器、数字检波器、信号输出装置。其中信号输出装置可使用 DA 转换器输出电压信号，也可以使用数字接口输出数字信号。在此次分析中，以 DA 转换器作为信号输出装置，系统内部各个模块的噪声符号与功率增益如表 5.7 所示。

表 5.7 各模块内部噪声和功率增益描述

模块名称	内部噪声	功率增益
激励信号源	E_{nDDS}^2	/
$v\text{-}i$ 转换器	$E_{nv\text{-}i}^2$	$G_{v\text{-}i}^2$
GMI 敏感元件	E_{nGMI}^2	/
前置放大器	E_{npre}^2	G_{pre}^2
AD 转换器	E_{nADC}^2	/
数字检波器	E_{nDDC}^2	G_{DDC}^2
DA 转换器	E_{nDAC}^2	/

由表 5.7 可知，E_{nX}^2 表示模块 X 单独作用时具有的噪声水平，其值为在端口输出端所具有的噪声大小，而 G_X^2 为当前模块具有的功率增益，系统中某一模块在有信号通过时会对信号有一定的功率增益，因此在整体分析时还需要考虑系统增益对噪声的影响。

考虑不同类型噪声频谱分布特点,在信号解调前系统的噪声分析主要考虑白噪声,在信号调理输出的阶段可以同时分析白噪声与 $1/f$ 噪声,如此可简化系统的噪声分析过程,以下为系统各个模块噪声分析与求解。

1. 激励信号源

本书所使用的方案是采用 DDS 算法加 DAC 芯片的方式产生激励信号,同时由于元器件需要电流型激励,因此在激励信号后端接有 $v\text{-}i$ 转换器电路,以此完成一个满足要求的激励信号的产生。在数字化激励产生的过程中,噪声主要来源于相位噪声、时钟偏斜噪声以及 DAC 固有噪声。通常,正弦信号不稳定性的特征用单边带噪声谱密度表示,单位为(dBc/Hz)。设计中使用的 DAC 芯片为 AD9767。根据芯片手册,在外部时钟为 125MHz 的工作频率下,其相位噪声水平约为 $-105\mathrm{dBc/Hz}$,因此根据式(5.54)可知,使用 FPGA 工具软件中带有的 NCO IP 核产生波形数据,并使用 DAC 输出所产生的噪声水平,即

$$E_{\text{dac}_{\text{noise}}}^2 = \left(\frac{\dfrac{V_{\text{FS}}}{2\sqrt{2}}}{10^{\frac{\text{SNR}_{\text{NCO}}}{20}}} \right)^2 \tag{5.62}$$

代入芯片性能数据可得 DAC 芯片输出噪声水平为 $112\mathrm{nV}/\sqrt{\mathrm{Hz}}$。

由于所使用的芯片为电流型 DAC,需使用相应的电路将电路转换为电压信号,结合前节中相关内容可得其噪声模型如图 5.23 所示。

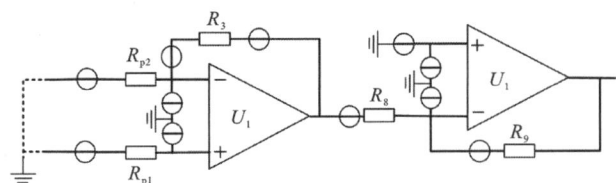

图 5.23 激励源噪声模型

图中电阻 R_2、R_4、R_6 和 R_1、R_5 可以通过串并联进行等效为两个电阻 R_{p1}、R_{p2},其热噪声值由式(5.47)给出,所使用的运算放大器型号为 THS3001,其等效白噪声电压平方根谱密度 $e_N = 1.6\mathrm{nV}/\sqrt{\mathrm{Hz}}$,等效白噪声电流平方根谱密度 $i_N = 13\mathrm{pA}/\sqrt{\mathrm{Hz}}$(同相输入端)、$i_N = 16\mathrm{pA}/\sqrt{\mathrm{Hz}}$(反向输入端),此电路噪声分析可拆分为运放噪声和电阻热噪声两部分。

1) 运放噪声

根据运放噪声 en-in 模型,可得噪声表达式。当 e_N 单独作用时,电路的增益为 $1 + \dfrac{R_3}{R_{p2}}$,输出噪声功率为 $(1 + \dfrac{R_3}{R_{p2}})^2 e_N^2$;同理,后级反向放大电路中运放电压噪声功率为 $(1 + \dfrac{R_9}{R_8})^2 e_N^2$。

连接到运放反向输入端的 i_N 在电路输出端产生的噪声功率为 $i_N^2 R_3^2$ 与 $i_N^2 R_9^2$,连接到运放同向输入端的 i_N 产生的噪声电压为 $i_N R_{p1}$,电压增益为 $1 + \dfrac{R_3}{R_{p2}}$,因此在运放输出端的噪声功率为 $(i_N R_{p1})^2 (1 + \dfrac{R_3}{R_{p2}})^2$。

因此信号转换电路中运放自身所导致的噪声表示为

$$E_{\text{eamp1}}^2 = (1 + \frac{R_3}{R_{p2}})^2 e_N^2 + i_N^2 R_3^2 + (i^N R_{p1})^2 (1 + \frac{R_3}{R_{p2}})^2 \quad (5.63)$$

$$E_{\text{eamp2}}^2 = (1 + \frac{R_9}{R_8})^2 e_N^2 + i_N^2 R_9^2 \quad (5.64)$$

2) 电阻热噪声

由图 5.23 可知，各个电阻的热噪声电压源中，当 R_{p2} 单独作用时，电路增益为 $-\frac{R_3}{R_{p2}}$；当 R_3 单独作用时，电路增益为 1；当 R_{p1} 单独作用时，电路增益为 $1 + \frac{R_3}{R_{p2}}$。可采用相同的方法分析反向放大器部分，两个放大器电路中电阻所导致的电阻热噪声可写为

$$E_{\text{R-amp1}}^2 = (E_{R_{p2}} \frac{R_3}{R_{p2}})^2 + E_{R_3}^2 + E_{R_{p1}}^2 (1 + \frac{R_3}{R_{p2}})^2 \quad (5.65)$$

$$E_{\text{R-amp2}}^2 = (E_{R_8} \frac{R_9}{R_8})^2 + E_{R_9}^2 \quad (5.66)$$

运放的噪声模型功率谱密度之和为运放实际工作时的噪声模型，因此激励源部分总输出噪声可表示为

$$\begin{aligned} E_{\text{amp1}}^2 &= E_{\text{eamp1}}^2 + E_{\text{R-amp1}}^2 \\ E_{\text{amp2}}^2 &= E_{\text{eamp2}}^2 + E_{\text{R-amp2}}^2 \\ E_{\text{nDDS}}^2 &= (E_{\text{DAC}_{\text{noise}}}^2 + E_{\text{amp1}}^2) G_{\text{amp1}}^2 + E_{\text{amp2}}^2 \end{aligned} \quad (5.67)$$

2. v-i 转换器

由于 GMI 元件需要高频电流激励，v-i 转换器的作用即是将前级产生的高频电压信号变换为电流信号，根据电路构成，分析其功率增益为

$$G_{\text{vi}}^2 = \frac{1}{R_5^2} \quad (5.68)$$

结合电阻的热噪声模型和运算放大器噪声模型，可得到 v-i 转化器电路噪声模型如图 5.24 所示，由于在电气连接上 v-i 转换器输出端连接到敏感元件，因此在噪声分析时需转化为电流噪声以便于后续分析。

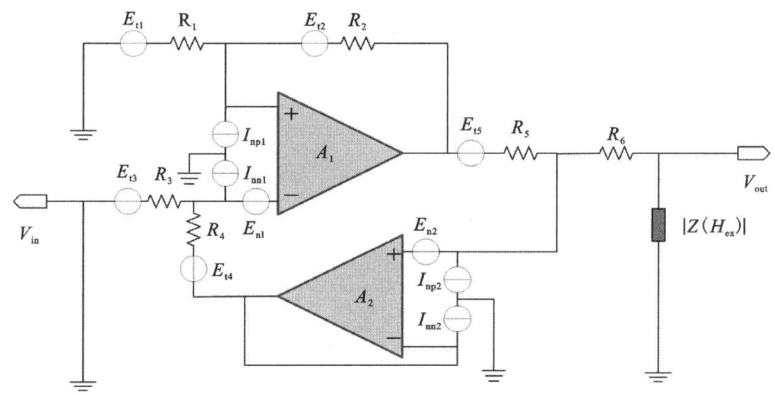

图 5.24　v-i 转换器电路的噪声模型

对此电路分析同样可使用叠加定理,将系统噪声分为运放噪声与电阻热噪声分析。

1)运放噪声

通过放大器 en-in 模型,我们可描述因等效电压噪声源和等效电流噪声源所造成的噪声谱密度。在电路中,电阻取值为 $R_1=R_2=R_3=R_4$,因此经过化简可表示为

$$I_{ev_{v-i}}^2 = \left(2 \cdot \frac{1}{R_5}\right)^2 \cdot e_N^2 + \left(\frac{1}{R_5}\right)^2 \cdot e_N^2 \tag{5.69}$$

$$I_{ei_{v-i}}^2 = 2 \cdot \left(R_2 \cdot \frac{1}{R_5}\right)^2 \cdot i_N^2 + i_N^2 \tag{5.70}$$

式(5.69)和式(5.70)分别表示电路中运放模型的电压、电流噪声模型折算到输出端的噪声表达式。

2)电阻热噪声

由于电阻取值满足 $R_1=R_2=R_3=R_4$,根据叠加定理,电路中电阻 $R_1\sim R_5$ 噪声模型中的噪声电压源单独作用折算到输出端的电流噪声功率表达式为

$$\begin{aligned}I_{eR_{v-i}}^2 &= E_{t1}^2\left(\frac{1}{R_5}\right)^2 + E_{t2}^2\left(\frac{1}{R_5}\right)^2 + E_{t3}^2\left(\frac{1}{R_5}\right)^2 + E_{t4}^2\left(\frac{1}{R_5}\right)^2 + E_{t5}^2\left(\frac{1}{R_5}\right)^2 \\ &= 5E_{t1}^2\left(\frac{1}{R_5}\right)^2\end{aligned} \tag{5.71}$$

因此,v-i 转化器电路总输出噪声可表示为

$$E_{n_{v-i}}^2 = R_{GMI}^2 \cdot (I_{ev_{v-i}}^2 + I_{ei_{v-i}}^2 + I_{eR_{v-i}}^2) \tag{5.72}$$

式中:R_{GMI} 为 GMI 敏感器件的等效电阻。

3. 前置放大器

在使用激励信号对敏感材料进行激励后,采集到的响应电压信号需经放大后供 ADC 采集,同时为了减小后级电路对 GMI 元件的影响,采用了同相比例放大电路以保证足够大的输入阻抗。对应电路的功率增益函数为

$$G_{pre}^2 = \left(1 + \frac{R_2}{R_1}\right)^2 \tag{5.73}$$

与上述电路分析方法类似,考虑到运放等效噪声源与电阻热噪声源,同时与 GMI 元器件等效电阻热噪声合并分析,对应的电路噪声模型如图 5.25 所示。

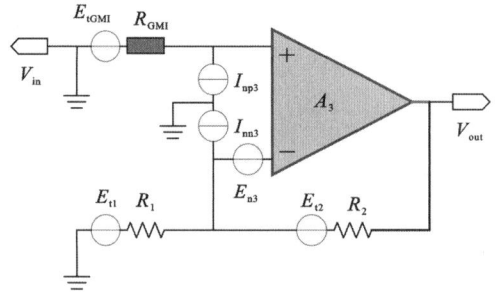

图 5.25 前置放大器噪声模型

1)运放噪声

根据运放噪声模型,可得单独由运放等效噪声源作用时在输出端产生的噪声为

$$E_{\text{ev-pre}}^2 = \left(1+\frac{R_2}{R_1}\right)^2 \cdot e_{\text{N2}}^2 \tag{5.74}$$

$$E_{\text{ei-pre}}^2 = R_2^2 \cdot i_{\text{N2}}^2 + \left(1+\frac{R_2}{R_1}\right)^2 R_{\text{GMI}}^2 \cdot i_{\text{N2}}^2 \tag{5.75}$$

2)电阻热噪声

此部分噪声由输入电阻与反馈电阻噪声构成,结合各噪声源单独作用时电压增益可得

$$E_{\text{R-pre}}^2 = E_{\text{GMI}}^2\left(1+\frac{R_2}{R_1}\right)^2 + E_{R_1}^2\left(\frac{R_2}{R_1}\right)^2 + E_{R_2}^2 \tag{5.76}$$

因此系统在前置放大器阶段所具有的噪声可表示为

$$E_{\text{n-pre}}^2 = E_{\text{ev-pre}}^2 + E_{\text{ei-pre}}^2 + E_{\text{R-pre}}^2 \tag{5.77}$$

4. 数字相关性检测系统

数字化 GMI 磁传感器主要由 ADC 采集模块与数字检波器组成,数字检波器包括混频器模块、滤波器模块。外部响应信号由 ADC 采集量化编码后与本地 NCO 模块产生的震荡信号进行乘法运算,运算后的结果经数字滤波器处理。由于系统最终由 DAC 输出模拟电压信号,因此需要对滤波后的数据进行截位操作以满足 DAC 芯片数据位长的要求。

1)ADC 量化噪声

系统实现数字的关键模块为 ADC 采集模块,其功能是将放大后的响应信号进行模数转换,作为后续数字处理系统的输入,ADC 采集模块的噪声来源主要为量化误差。

系统所使用的 ADC 芯片型号为 AD9226,其有效位数(ENOB)为 11.1bits,在芯片进行模数转换时,数字量与模拟量的差值为量化误差,假设误差为均匀分布,因此可得量化噪声功率为

$$E_{\text{nADC}}^2 = \frac{V_{\text{noise}}^2}{\sqrt{\frac{\text{FS}}{2}}} = \frac{\frac{q^2}{12}}{\sqrt{\frac{\text{FS}}{2}}} \tag{5.78}$$

式中:FS 为 ADC 芯片采样速率;q 为 ADC 芯片最小量化单位(LSB),其计算式为

$$q = \frac{V_{\text{FS}}}{2^{\text{ENOB}}} \tag{5.79}$$

其中,V_{FS} 为芯片输入动态范围,芯片对应参数为 2V。

2)数字滤波器

设计所使用的 FIR 滤波器噪声主要由乘法器产生。对于一个 N 阶 FIR 滤波器,由于其具有系数对称的特点,因此存储已量化的系数个数为 $(N+1)/2$。在本设计中,滤波器系数被定点为 16 位,滤波器的实现需要的乘法器个数也同样为 $(N+1)/2$。由于输入数据位长为 24 位,在与 16 位滤波器系数进行乘法操作时,理论上数据输出位数为 40 位。然而由于输出位数限制,最终只保留了高 14 位数据,因此在计算过程中有 26 位数据被舍弃,单个乘法器带来

的舍入噪声可描述为

$$E_{\text{mul}}^2 = \frac{(2^{-14})^2}{12} \tag{5.80}$$

假设不同乘法器的噪声是不相关的,FIR 滤波器的噪声功率为各乘法器噪声功率之和,因此最终数字滤波器噪声功率为

$$E_{\text{filter}}^2 = \frac{N+1}{2} E_{\text{mul}}^2 \tag{5.81}$$

在系统实现中,由于混频器由全精度乘法器实现,所以没有为系统带来舍入噪声。数据经过 FIR 滤波器后,经过相应长度截位可通过 DAC 进行信号输出,相应的噪声模型已在激励源分析部分给出,因此在数字检波器阶段所具有的噪声与对应的增益可以描述为

$$E_{\text{nDDC}}^2 = (E_{\text{NCO}}^2 G_{\text{mul}} + E_{\text{filter}}^2) G_{\text{filter}}^2 \tag{5.82}$$

$$G_{\text{DDC}} = G_{\text{mul}} G_{\text{filter}} \tag{5.83}$$

因此对于系统中数字相关性检测系统的噪声功率模型表达式为

$$E_{\text{digital}}^2 = E_{\text{nADC}}^2 G_{\text{DDC}}^2 + E_{\text{nDDC}}^2 \tag{5.84}$$

至此,数字化 GMI 磁传感器中各个模块的噪声分析完毕,对于各个模块对最终输出的影响,需要结合不同模块的增益表达式进行计算,为了便于分析各个模块对总噪声输出的影响,绘出各个模块对总输出的功率增益框图(图 5.26)。

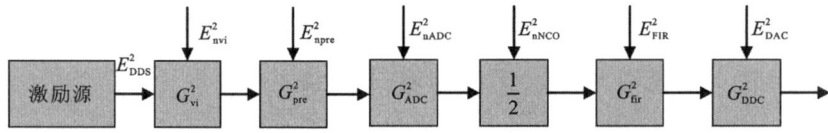

图 5.26　各模块对输出噪声贡献示意图

根据式(5.9)计算系统整体噪声水平,由于 GMI 元件自身噪声水平远低于电路噪声,因此可将其归纳为后续电路的一个干扰模块,并在框图中省略了敏感元件噪声部分。图中 G^2 表示各个环节所具有的功率增益,系统中属于线性系统的模块取值为增益的算术平方,属于非线性系统的部分为数字乘法器,其功率增益为 1/2。

综上所述,根据式(5.8)与式(5.9),数字 GMI 传感器噪声功率谱密度计算式为

$$\begin{aligned} E_{\text{nout}}^2 = &\ E_{\text{nDDS}}^2 (G_{\text{vi}}^2 G_{\text{pre}}^2 G_{\text{ADC}}^2 G_{\text{DDC}}^2 G_{\text{DAC}}^2) + E_{\text{n v-i}}^2 (G_{\text{pre}}^2 G_{\text{ADC}}^2 G_{\text{DDC}}^2 G_{\text{DAC}}^2) + \\ &\ E_{\text{npre}}^2 (G_{\text{ADC}}^2 G_{\text{DDC}}^2 G_{\text{DAC}}^2) + E_{\text{ADC}}^2 (G_{\text{DDC}}^2 G_{\text{DAC}}^2) + E_{\text{nDDC}}^2 G_{\text{DAC}}^2 + E_{\text{DAC}}^2 \end{aligned} \tag{5.85}$$

5.5.2　输出灵敏度模型

对于磁传感器输出而言,其灵敏度可描述为

$$S_v = \frac{\mathrm{d}V_{\text{out}}}{\mathrm{d}H_{\text{ex}}} \tag{5.86}$$

式中:V_{out} 表示经信号检测后输出的电压;H_{ex} 表示当前输出电压下外部磁场的大小。

从激励信号到传感器输出所经过的信号链来看,考虑各级处理模块的电压增益,可将传感器的整体灵敏度表示为

第 5 章 GMI 传感器噪声建模与分析

$$S_v = S_\Omega \cdot I_g \cdot (G_{\text{pre}} G_{\text{ADC}} G_{\text{DDC}} G_{\text{DAC}}) \tag{5.87}$$

式中：S_Ω 为 GMI 元件在所处激励条件下所具有的灵敏度大小；I_g 为激励电路产生的电流大小。结合前文内容可知，I_g 可描述为与激励电压大小的关系，即

$$I_g = V_{\text{DDS}} \cdot G_{\text{vi}} \tag{5.88}$$

联立式(5.87)和式(5.88)，可得输出电压灵敏度模型表达式为

$$S_v = S_\Omega V_{\text{DDS}}(G_{\text{vi}} G_{\text{pre}} G_{\text{ADC}} G_{\text{DDC}} G_{\text{DAC}}) \tag{5.89}$$

由式(5.89)可知，GMI 传感器输出电压灵敏度模型由敏感元件灵敏度、激励电流大小、信号处理增益多个因素决定。理论上，可通过增加激励电压大小与增加检测电路增益来增加传感器灵敏度，但是在实际运行的电路中所使用的放大器带宽有限且存在数字信号量化精度的问题，传感器灵敏度并不能无限提升。

在确定磁传感器测量范围与输出范围后，可通过换算得出所需的磁传感器灵敏度，将换算得出的灵敏度记为 S_{vset}。此时只需要将式(5.89)中个阶段增益适当调整，便可在满足设定的灵敏度的同时调整系统噪声水平，即等效输入磁噪声水平的调整，因此后文将对系统的等效磁噪声模型进行相关计算。

5.5.3 等效磁噪声模型

在分析数字 GMI 磁传感器等效输入磁噪声模型时，可结合传感器灵敏度模型可将其定义为

$$b_{\text{emag}} = \frac{E_{\text{out}}}{S_v} \tag{5.90}$$

式中：E_{out} 为实际 GMI 传感器输出电压中所具有的噪声电压谱密度($\text{V}/\sqrt{\text{Hz}}$)；$S_v$ 为所给出的传感器输出灵敏度(V/T)，通过量纲换算可知，等效输入磁噪声水平单位为 $\text{T}/\sqrt{\text{Hz}}$。

对于本书所设计的数字化 GMI 传感器，5.4 节已经给出了各个模块的噪声分析原理，5.2 节中对系统整体信号处理流程进行了噪声分析并给出了整体电压噪声谱密度表达式，结合上文给出的灵敏度模型即可换算出等效磁噪声模型。因此可以联立式(5.85)、式(5.89)与式(5.90)，得到系统等效输入磁噪声模型表达式为

$$E_{\text{nout}}^2 = \frac{1}{S_\Omega^2 V_{\text{DDS}}^2} \left[E_{\text{nDDS}}^2 + \frac{E_{n_{\text{v-i}}}^2}{G_{\text{v-i}}^2} + \frac{E_{\text{npre}}^2}{G_{\text{v-i}}^2 G_{\text{pre}}^2} + \frac{E_{\text{ADC}}^2}{G_{\text{v-i}}^2 G_{\text{pre}}^2 G_{\text{ADC}}^2} + \frac{E_{\text{nDDC}}^2}{G_{\text{v-i}}^2 G_{\text{pre}}^2 G_{\text{ADC}}^2 G_{\text{DDC}}^2} G_{\text{DAC}}^2 + \frac{E_{\text{DAC}}^2}{G_{\text{v-i}}^2 G_{\text{pre}}^2 G_{\text{ADC}}^2 G_{\text{DDC}}^2 G_{\text{DAC}}^2} \right] \tag{5.91}$$

由式(5.91)可以看出，不同信号处理阶段对输出整体噪声水平的影响程度是不同的，处于信号链前级的模块对系统整体噪声影响较大。从信号检测角度来看，前置放大器的噪声影响最大，在数字化系统中，ADC 模块的噪声水平对处理系统本身影响较大，因此对前置放大器的低噪声设计与 ADC 芯片性能选择是至关重要的。

第6章 GMI 的测试系统与设计

在完成 GMI 磁传感器或 GMI 磁材料的设计之后,需要设计 GMI 效应测试系统,了解外磁场的变化与该 GMI 传感器或材料交流阻抗变化之间的关系,即 GMI 效应。本章分为两个部分对 GMI 效应测试系统进行介绍。

6.1 GMI 效应的测量原理

6.1.1 GMI 的测量方法

GMI 效应的测量方法有两种:

第一种方法中首先通过信号发生器产生一定频率的交流电流 I 作用于 GMI 材料,然后在不同的外加直流磁场中用示波器观察材料两端的电压幅值。这种方法不直接测量 GMI 材料的阻抗值,而是通过示波器观察记录材料两端的电压的变化来间接得到材料阻抗的变化。

$$\text{GMI} = \frac{Z(H) \times I - Z(H_{\max}) \times I}{Z(H_{\max}) \times I} \times 100\% \tag{6.1}$$

$$\text{GMI} = \frac{U(H) - U(H_{\max})}{U(H_{\max})} \times 100\% \tag{6.2}$$

式中:$Z(H)$、$Z(H_{\max})$、$U(H)$、$U(H_{\max})$ 分别为外磁场为 H、$H_{\max}$ 时材料的阻抗和两端电压。

第二种方法是在一系列连续变化的外磁场 H 中直接测量材料的阻抗值 $Z(H)$,根据公式(6.2)得到材料的 GMI 效应。改变测量阻抗时的激励信号的频率,也就获得了不同频率下的 GMI 效应。图 6.1 是这种方法典型的 GMI 测试系统结构示意图,图中信号发生器产生千赫至兆赫范围的交流激励信号作用于样片材料,亥姆赫兹线圈产生均匀变化的静态磁场 H,阻抗分析仪测量不同外加磁场下样片材料的阻抗值 $Z(H)$。图 6.2 是 Nakai 等(2005)在研究 GMI 效应时基于此方法采用的测试系统。

第一种方法虽然能够测量出材料的 GMI 效应,但若是 GMI 效应比较微弱,通过示波器将无法观察出电压的变化,因此该方法只适用于有较强 GMI 效应的材料测试中,并且对精度没有太高的要求。

第二种方法利用阻抗测量仪器直接测量材料的阻抗值,由于阻抗测量仪器的精度都较高,即使是微弱的 GMI 效应,这种方法也能够测得,但是成本却比第一种高。所以,在对精度没有太高要求时,可采用成本较低的第一种方法,需要精确测量时则采用第二种方法。

第6章 GMI 的测试系统与设计

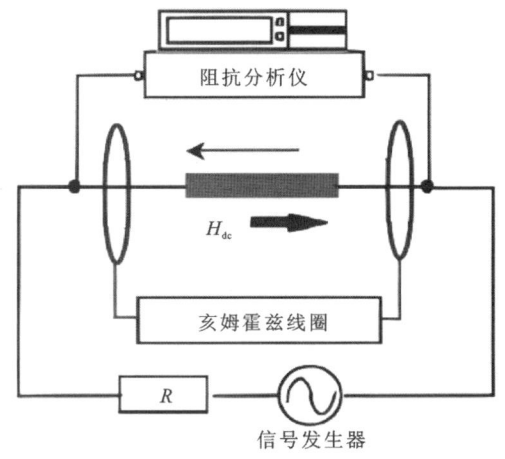

图 6.1 典型的 GMI 测试系统结构图

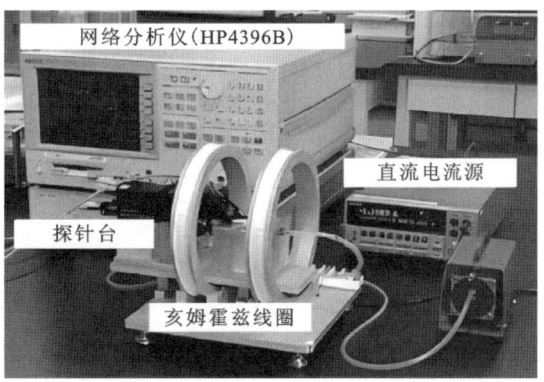

图 6.2 Nakai 等(2005)的 GMI 测试系统照片

此外,在 GMI 材料的测试过程中,要注意敏感材料与测试电路的连接方式,不同激励频率和测试材料尺寸的比值会对最终测试获得的阻抗值产生一定影响。被测量材料元件的真实阻抗 Z_1 与被测量的实验值 Z_2 之间的差值可写为

$$Z_2 = Z_c \frac{Z_1 + Z_c \tanh \gamma l}{Z_c + Z_1 \tanh \gamma l}$$

其中,Z_1 为被测量材料元件的真实阻抗值;Z_2 为被测量被测量的实验值的实验值;Z_c 为波导的特性阻抗(通常,$Z_c=50\Omega$);γ 为波导的一个常数,$\gamma=\alpha+\mathrm{i}\beta$,实部 α 负责波导中的功率损失,虚部 $\beta=\dfrac{2\pi f}{v}$ 是相位常数;l 为连接线长度,如图 6.3 所示。

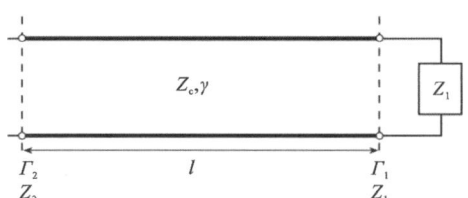

图 6.3 波导两点 $\Gamma 1$ 和 $\Gamma 2$ 处的距离 l 的测量图(两个粗体水平线;荷载是具有阻抗 Z1 的元件)

Kurlyandskaya(2009)对连接方式和尺寸的影响做了细致的推导计算,此处可做为参考。

6.1.2 磁场产生方法及比较

均匀磁场的产生有两种方式,一种是通过亥姆霍兹线圈,另一种则是通过螺线管。下面将分别对亥姆霍兹线圈和螺线管产生磁场的方式进行说明并比较。

1. 基于亥姆霍兹线圈的磁场产生系统

所谓亥姆霍兹线圈,就是两个相同线圈(半径 R)平行且共轴,彼此间距满足 $a=R$[图 6.4(a)]。当对两线圈通以同方向的电流 I 时,在轴线中心附近两线圈产生的磁场叠加,会出现较大范围的均匀区[图 6.4(b)]。

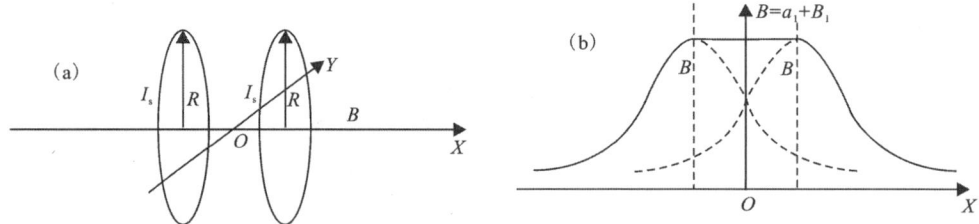

图 6.4　亥姆霍兹线圈(a)及其轴线上的磁场分布(b)

对于单个通电线圈,如图 6.5(a)图所示,以圆心为原点,根据毕奥-萨伐尔定律,轴线上距圆心 x 处的磁感应强度 B 为

$$B = \frac{\mu_0 R^2 NI}{2(R^2+x^2)^{3/2}} \tag{6.3}$$

式中:μ_0 为真空磁导率;R 为线圈半径;N 为线圈匝数;I 为通过线圈的电流强度。

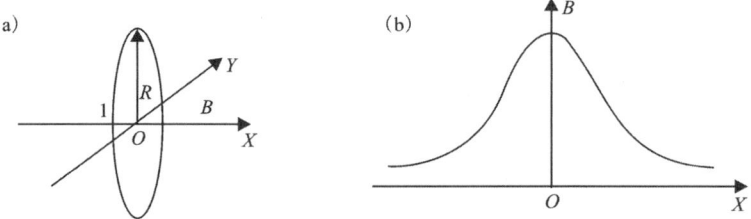

图 6.5　单个通电线圈(a)及其轴线上的磁场分布(b)

当两个相同的线圈组成亥姆霍兹线圈时,以两圆心连线中点为原点 O 建立坐标轴,由式(6.3)可得轴线上[$-R,R$]范围内距 O 为 x 处的磁感应强度为

$$B = \frac{\mu_0 R^2 NI}{2[R^2+(R/2+x)^2]^{3/2}} + \frac{\mu_0 R^2 NI}{2[R^2+(R/2-x)^2]^{3/2}} \tag{6.4}$$

而在亥姆霍兹线圈原点 O 处的磁感应强度 B 为

$$B = \frac{8}{5^{3/2}} \frac{\mu_0 NI}{R} \approx 0.716 \frac{\mu_0 NI}{R} \tag{6.5}$$

由式(6.5)可知,B 与电流 I 成正比,当线圈半径 R、线圈匝数 N 确定后,就可通过控制电流 I 来达到控制磁场的目的。

图 6.6 是亥姆霍兹线圈中心磁场与电流关系所得曲线图的示例(张鑫等,2014),图中点为实际测量值,为拟合的曲线,从图中可以看出磁场与电流有较好的线性度。但在有恒流源条件下,该线圈只能产生约±20Gs 的磁场,最小步进为 0.029Gs。

2. 基于螺线管的磁场产生系统

螺线管是多重卷绕的导线,当有电流通过导线时其内部会产生均匀的磁场,此时,可以将螺线管看成是由许多圆电流紧密排列而成,其内部某一点的磁场也就是各圆电流在该点的磁场叠加(图 6.7)。

第6章 GMI的测试系统与设计

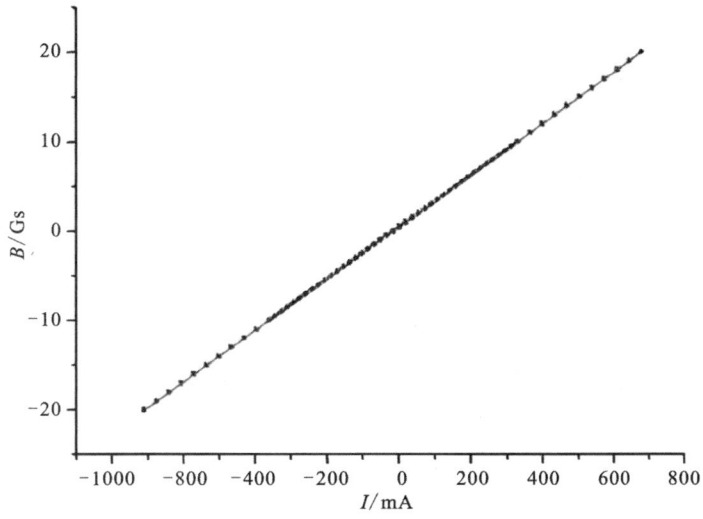

图 6.6 实验室中亥姆霍兹线圈实测 B-I 曲线

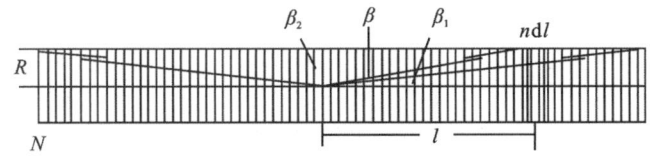

图 6.7 螺线管上磁场的计算

由式(6.3)可知,图 6.7 中微元 dl 在中心产生的磁场为

$$dB = \frac{\mu_0 R^2 nI \, dl}{2(l^2+R^2)^{3/2}} \tag{6.6}$$

$l=R\cot\beta$,所以 $dl=-\dfrac{R d\beta}{\sin^2\beta}$,又 $\sin^2\beta=\dfrac{R^2}{R^2+l^2}$,代入(6.6)式得

$$B = -\frac{\mu_0}{2}nI \int_{\beta_1}^{\beta_2} \sin\beta \, d\beta = -\frac{\mu_0}{2}nI(\cos\beta_1 - \cos\beta_2) \tag{6.7}$$

对于无限长直螺线管有 $\beta_1=0, \beta_2=\pi$,所以 $B=\mu_0 nI$。

测量结果如图 6.8 所示(张鑫等,2014),采集点在一个长约 35cm,直径约为 16cm 的螺线管中心磁场,点为实际测量点,线为拟合曲线。在同样的条件下,该螺线管可产生约±50Gs的磁场,最小步进为 0.012Gs。

3. 亥姆霍兹线圈和螺线管产生磁场的对比

亥姆霍兹线圈产生的磁场均匀区接近球形,螺线管的磁场均匀区则更接近长圆柱形。一般来说,相同体积的亥姆霍兹线圈和螺线管,后者产生的磁场要大于前者,但是前者内部空间大于后者,可放置更大体积的物体。

比较现有的两种能够产生均匀磁场的装置,在能够产生的最大磁场上,螺线管(50Gs)要优于亥姆霍兹线圈(20Gs);在磁场可控制的最小步进上,螺线管(0.012Gs)同样优于亥姆霍兹线圈(0.029Gs)。

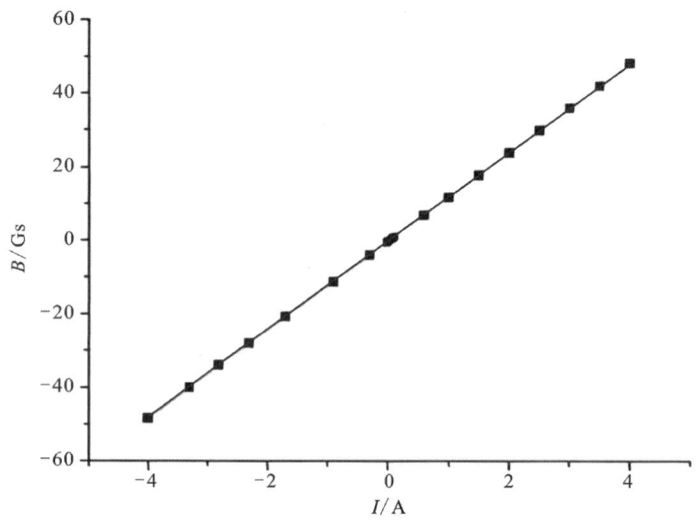

图 6.8　实验室中螺线管实测 $B\text{-}I$ 曲线

6.1.3　阻抗测量方法分析及比较

在 6.1.1 节中提到的最常用的第二种 GMI 测量方法的关键是阻抗的测量,阻抗的测量方法主要有电桥法、谐振法、I-V 法、射频 I-V 法、网络分析法以及自动平衡电桥法。如今通用的各种阻抗测量仪器也均是基于以上各种原理。

1. 电桥法、谐振法和 I-V 法

电桥法、谐振法和 I-V 法测量阻抗的原理比较简单,图 6.9 中 3 幅原理图分别对应这 3 种方法。

电桥法[图 6.9(a)]中当电桥达到平衡,没有电流流过 D 时,可得被测物阻抗为

$$Z_x = Z_3 \times \frac{Z_1}{Z_2} \tag{6.8}$$

谐振法[图 6.9(b)]测阻抗时,调节可变电容 C 使回路发生谐振,此时被测物阻抗中电阻分量 R_x 和电感分量 L_x 都可通过 Q 值和电容 C 值求出。

$$\omega L_x = \frac{1}{\omega C} \Longrightarrow L_x = \frac{1}{\omega^2 C} \tag{6.9}$$

$$Q = \frac{\omega L_x}{R_x} = \frac{1/\omega C}{R_x} \Longrightarrow R_x = \frac{1}{\omega C Q} \tag{6.10}$$

I-V 法[图 6.9(c)]通过测量被测物两端的电压 V_1 和流过其的电流 i 来计算得到阻抗值 Z_x[式(6.11)],原理图中电阻 R 应取较小的阻值以减小其分压带来的误差。

$$Z_x = \frac{V_1}{I} = \frac{V_1}{V_2} \times R \tag{6.11}$$

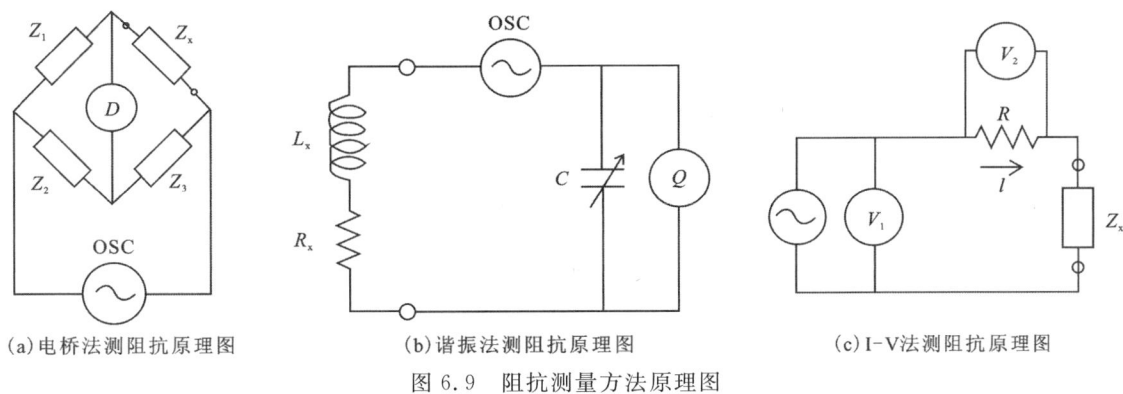

(a)电桥法测阻抗原理图　　(b)谐振法测阻抗原理图　　(c)I-V法测阻抗原理图

图 6.9　阻抗测量方法原理图

2. 射频 I-V 法

射频 I-V 法与普通 I-V 法采用相同的原理,但由于测量的频率属于射频范围,所以在电路的配置上会有明显的区别。射频 I-V 法不仅在测量回路上采用阻抗匹配的原理,测量中的测试线也都使用的是带有屏蔽效果的同轴电缆。利用这种方法测量阻抗时可根据待测物阻抗的大小采用不同形式的测量电路。图 6.10(a)中的电路专门用来针对于阻抗值较小的待测物进行阻抗测量,而图 6.10(b)则是用来测量阻抗值较大的待测物,图 6.10(a)、(b)被测物 Z_x 的计算公式分别为

$$Z_x = \frac{V}{I} = \frac{2R}{V_2/V_1 - 1} \tag{6.12}$$

$$Z_x = \frac{V}{I} = \frac{R}{2}\left(\frac{V_1}{V_2} - 1\right) \tag{6.13}$$

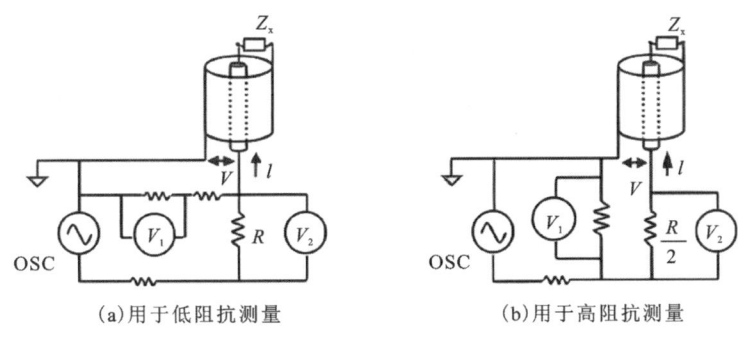

(a)用于低阻抗测量　　(b)用于高阻抗测量

图 6.10　射频 I-V 法测阻抗原理图

3. 网络分析法

网络分析法通过测量反射系数来获得被测物的阻抗,测量的频段属于高频范围。图 6.11 为射频 I-V 法测阻抗原理图。因为测量频率较高,所以测量用的测试线需为同轴电缆。图 6.12 为用网络分析法测量阻抗时的模型,Z_c 为测试线的特征阻抗,Γ_1 为所测得的反射系数,则有被测物阻抗

$$Z_x = Z_1 = Z_c \frac{1+\Gamma_1}{1-\Gamma_1} \tag{6.14}$$

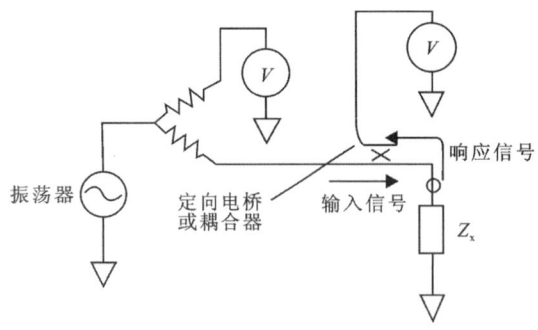

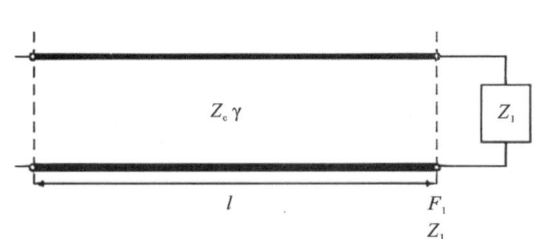

图 6.11 网络分析法测阻抗原理图　　　　图 6.12 网络分析法测量阻抗时的计算模型

4. 自动平衡电桥法

自动平衡电桥法又称为 LCR 电桥法,测量阻抗的原理图如图 6.13 所示,OSC 产生激励信号流过待测物 DUT,由虚短、虚断可知 Low 端电势为 0,并且流过 DUT 的电流全部流过 R_r,V_x 测量 High 端电势,也就是 DUT 两端的电压,V_r 测量 R_r 两端的电压,那么 DUT 的阻抗 Z_x 的计算公式为

$$I_x = I_r \implies \frac{V_x}{Z_x} = \frac{V_r}{R_r} \tag{6.15}$$

$$Z_x = R_r \frac{V_x}{V_r} \tag{6.16}$$

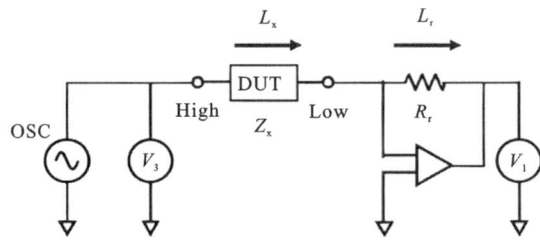

图 6.13 自动平衡电桥法测阻抗原理图

5. 阻抗测量方法比较

在测量阻抗时,不同的方法适用于不同的条件,各种方法对应的测量频率范围、测量精度以及量程也各不相同,表 6.1 中列出了各种方法的优缺点及适用频段。

若只考虑测量精度和操作的方便性,在频率低于 110MHz 的阻抗测量中,自动平衡电桥法最为适用;当测量频率达到 100MHz～3GHz 时,射频 I-V 法具有最高的测量准确性;而对于 3GHz 及以上的频段,应选用网络分析法进行阻抗测量(吴炎波,2011)。基于此项准则,世界上各大测试仪器厂商均采用这 3 种方法来研制本品牌的阻抗测量仪器,主要产品有矢量网络分析仪(网络分析法)、阻抗分析仪(自动平衡电桥法)。

第 6 章　GMI 的测试系统与设计

表 6.1　各阻抗测量方式比较

方法	原理图	优点	缺点	频率范围
电桥法		精度高；频率范围广；成本低	需人为调节至平衡状态；用于仪器时频率范围窄	DC~300MHz
谐振法		Q 值测量精度高	需人为调节至谐振状态；阻抗测量精度低	10kHz~70MHz
I-V 法		十分适用于探针方式测量	应用于探针方式时频率范围受限	10kHz~100MHz
射频 I-V 法		精度高；高频时阻抗；测量范围大	操作频率范围受限	1MHz~3GHz

续表 6.1

方法	原理图	优点	缺点	频率范围
网络分析法	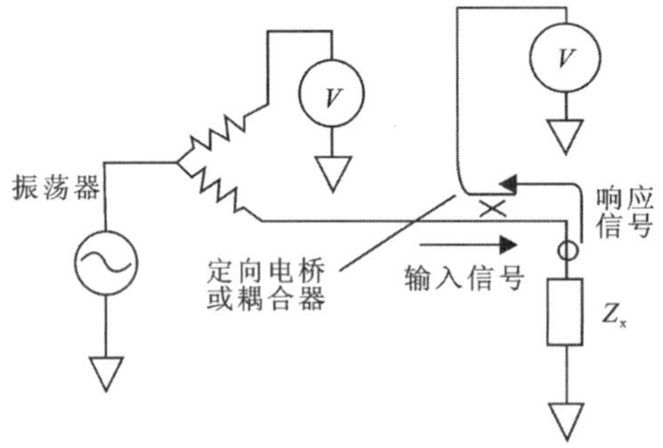	可达到频率高；在阻抗值附近具有很高精度	改变频率时需重新测量反射系数；阻抗测量范围较小	300kHz及以上
自动平衡电桥法	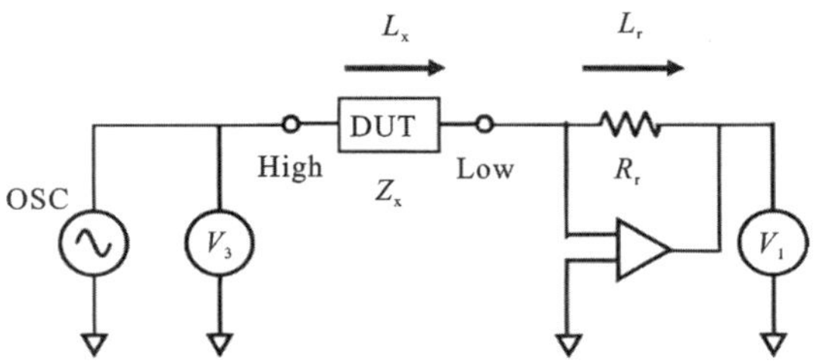	频率覆盖低频和高频；测量精度高	达不到较高频率（110MHz以上）	20Hz～110MHz

6.2 GMI 效应测试总体系统设计

根据 GMI 磁传感器测试的不同需求，GMI 效应测试系统的设计也各不相同。除此之外，为方便 GMI 效应测试的工作者提高测试效率，还要引入计算机技术进行通信采集等工作，完成整体测试系统的搭建。下面对不同工作者的贡献包括整体 GMI 效应测试系统的设计进行说明。

GMI 效应测试系统方案一：

张鑫等（2013）设计了一套基于 LabVIEW 软件开发平台的测量迅速、操作简单的 GMI 效应自动测试系统。该系统设计的目标是在 50MHz 频率范围内对 GMI 材料进行精确的巨磁阻抗效应测量，并以 6.1.1 节中介绍的第二种方法为理论基础进行设计，即在不同的磁场中直接测量材料的阻抗值，最终确定的测试系统硬件组成如图 6.14 所示。该系统主要由磁场产生系统、阻抗测量系统两大部分组成，以通电螺线管的方式来实现均匀磁场的产生，以自动平衡电桥为测量原理的阻抗分析仪完成阻抗测量，系统中用一台计算机分别通过串口和以太网来控制电流源和阻抗分析仪，使磁场的变化以及阻抗的测量能有较好的配合。

该工作实现了以下 3 个主要功能：①同时测量多个频率下的巨磁阻抗效应，在系统程序的编写中引入了阻抗扫频测量的方法，解决了以往测试 GMI 效应时需要多次测量才能得到材料在一系列频率下的 GMI 效应的问题；②测试中对外加磁场任意分段，以及在测试仪器允许的条件下任意设置各分段次场内的测量点数；③测试数据、曲线按样片编号自动整理保存。

第 6 章　GMI 的测试系统与设计

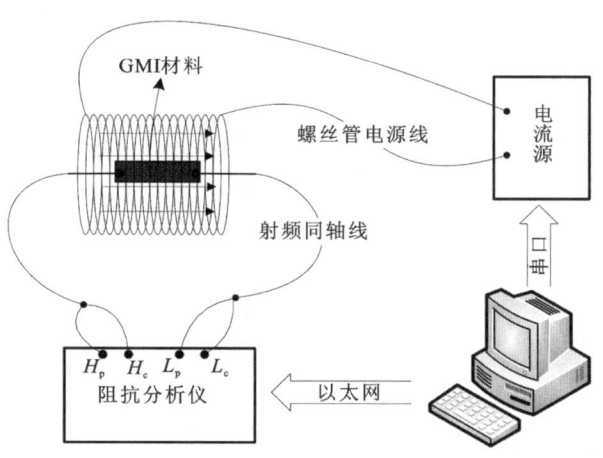

图 6.14　GMI 测试系统原理框图

为了使 GMI 测试系统程序控制电流源和阻抗仪相互配合,实现不同频率下材料阻抗随磁场变化曲线的同时测量,设计了如图 6.15 所示的程序流程。程序运行之后先进行初始化操作,主要完成两个任务:第一,检查计算机与个测试仪器间的通信是否正常;第二,将所有控件恢复到默认状态。初始化之后设置测试系统参数,包括阻抗分析仪的参数设置、GMI 效应测试频点的设置、测量磁场范围以及该范围内测量点数的设置等。参数设置后开始 GMI 测试,首先按上一步中设置的磁场范围和该范围内测量点数控制产生一个磁场,然后在该磁场下对 GMI 材料按设置的频点进行阻抗扫频测量,计算机接收测量数据后进行数据处理并且在显示图中绘制曲线,重复以上测量步骤,直到最后一个磁场下阻抗测量完毕,最后保存所有测试数据,结束程序运行。所设计的 LabVIEW 上位机界面如图 6.16 所示。

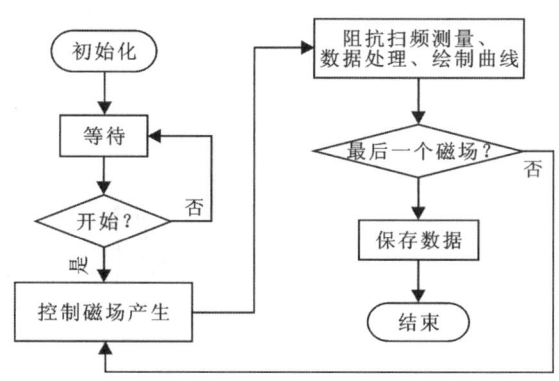

图 6.15　GMI 测试系统程序流程图

GMI 效应测试系统方案二:

蒋杰峰(2022)为测量曲折型薄膜结构的 GMI 效应,自主搭建了的 GMI 效应测试平台。该实验需要空间范围更大的磁场,因此在方案一的基础上将螺线管更换为亥姆霍兹线圈。测试的原理框图如图 6.17 所示,测试系统主要分为硬件部分和上位机软件两部分。硬件部分主要包括东方晨景公司电流源、亥姆霍兹线圈和罗德施瓦茨公司的 2 端口矢量网络分析仪。其中,由亥姆霍兹线圈产生匀强的磁场,通过改变亥姆霍兹线圈所通入的直流电流来控制磁

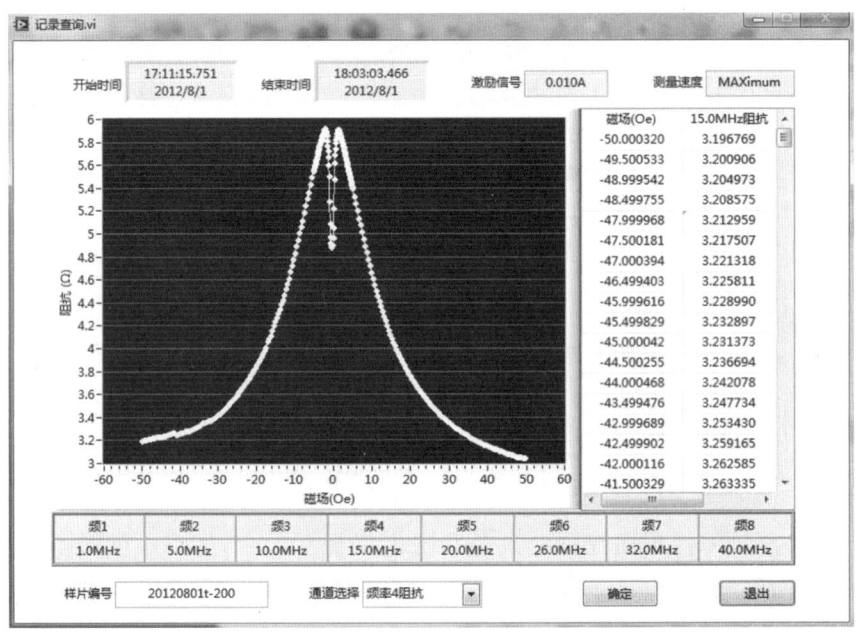

图 6.16　GMI 测试系统记录查询子程序

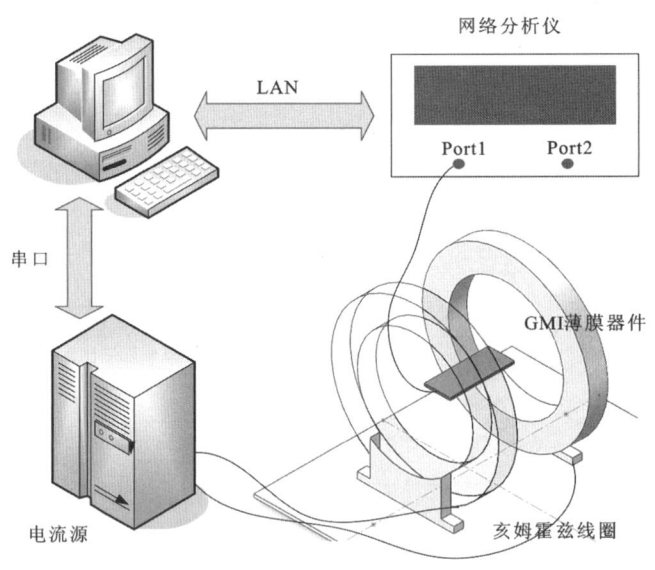

图 6.17　测试系统的原理图

场的大小,电流的大小由电流源产生和控制,实现给薄膜器件施加不同方向和大小的磁场。薄膜器件的阻抗参数测试部分由矢量网络分析仪来进行测量,激励信号在 1～100MHz 频率范围内变化。为了程序化控制和调整所施加的外加磁场和激励频率,利用上位机软件编写控制程序,能实时地控制和改变电流源的电流大小与网络分析仪的激励频率,同时软件能采集测试的阻抗参数并自动计算样品的阻抗变化率,整个测试平台的硬件部分和软件部分通过串口和以太网连接。

图 6.18 为通过磁控溅射和掩膜板工艺制备完成的直线型三明治薄膜和垂直曲折型三明治薄膜样品。薄膜样品通过 SMA 接口连接到网络分析仪并放置于亥姆霍兹线圈中固定。在完成对仪器的校准后便可开始测试。

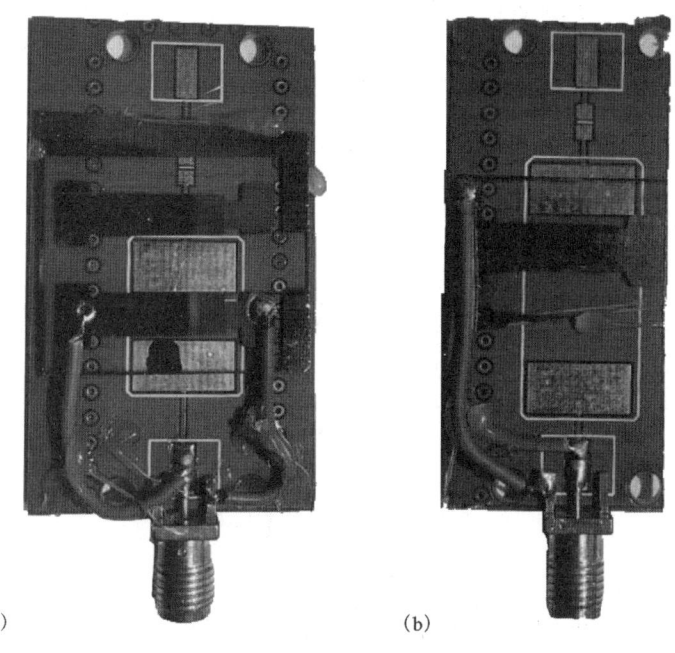

图 6.18　直线型三明治薄膜(a)和垂直曲折型三明治薄膜(b)样品实物图

GMI 效应测试系统方案三：

王晋超等(2019)重点测量 GMI 传感器低频段的 GMI 效应,为避免环境低频磁场对实验结果造成较大干扰,采用北京住信通光电技术公司研制的 CPBT-W5 型卧式屏蔽筒对环境低频磁场进行屏蔽,其主要参数如表 6.2 所示。

表 6.2　CPBT-W5 型卧式屏蔽筒主要参数

项目	屏蔽筒参数
材料	三层坡莫合金＋一层外壳铝
内腔尺寸	$\Phi 200 \times 450 (mm)$
均匀区	$L>100mm$
剩磁大小	2nT

针对 GMI 效应的低频谱频段测量,采用间接法完成传感器输出电压噪声的测试。传感器输出电压噪声的测试是指在感兴趣的频率范围内,通过获取完整的功率谱密度函数,显示随机噪声的频谱,并用来测量和判断干扰噪声抑制措施的有效性。根据原理的不同,可将电压噪声谱密度测量方法分为两类,一类为直接测量法,另一类为间接测量法。

1. 直接测量法

直接测量法是指借助专业的频谱分析装置,直接测量电压信号的频谱,此类装置称为频谱分析仪。常见的频率扫描式频谱分析仪的基本结构如图 6.19 所示,图中锯齿波发生器产生周而复始的锯齿波电压,控制压控振荡器(voltage controlled oscillator,VCO)产生周而复始的、频率线性变化的高频正弦波。该高频正弦波与被测噪声混频,将噪声频谱移至更高的频率范围,再通过一个中心频率 f_0 固定的窄带带通滤波器,选出频率等于 V_{CO} 频率与滤波器中心频率 f_0 之差的频点处的被测噪声的频谱,在经过平方律检波器和平均处理后,得到的输出 Y 正比于该频点的功率谱密度。

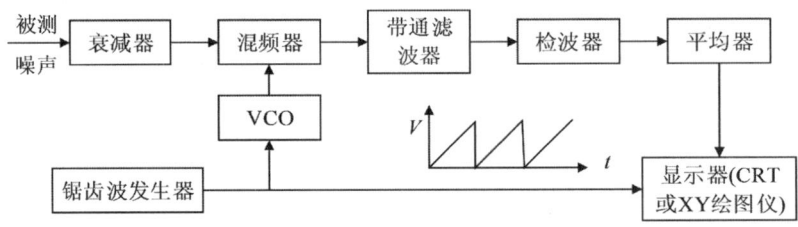

图 6.19 频率扫描式频谱分析仪基本结构

上述频率扫描式频谱分析仪的测量结果的精度由平均时间常数 τ 和测量系统的带宽 B 的乘积 τB 来确定。在测量低频段噪声频谱时,可能要求乘积 τB 很大,导致频率扫描的时间太长,因此这种情况下该方法可能不再适用。

2. 间接测量法

遇到上述情况,采用基于间接测量的频谱分析方法可能更为有利。间接测量法主要基于数字信号处理技术,是指先通过 A/D 采样获取噪声电压的时域信号,然后通过快速傅里叶变换(fast fourier transform,FFT)方法得到频域的噪声频谱。其中 FFT 运算可由软件实现,也可由专业集成芯片实现。表 6.3 列出了美国斯坦福公司的 FFT 频谱分析仪 SR780 的主要参数。

表 6.3 SR780 的主要参数

项目	仪器参数
分析带宽/通道数	DC-102.4kHz/2
实时带宽	102.4kHz
动态范围	90dB

除了采用 FFT 频谱分析仪,在分析带宽较低的情况下,另一种降低成本的方法是通过高分辨率的 Δ-Σ 型 A/D 转换器采集噪声电压的时域信号,然后利用 PC 机上的软件实现 FFT 算法,具体的程序流程图如图 6.20 所示。

如图 6.21 所示,将 GMI 传感器探头放入磁屏蔽筒,并在屏蔽筒中放置螺线管,用螺线管产生 $\pm 100\mu T$ 的外加弱磁场作用于 GMI 元件,产生的传感信号经过传感器激励及检测电路,

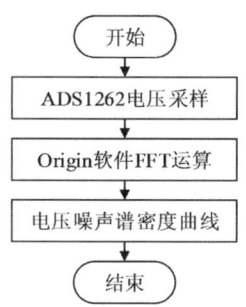

图 6.20　本书中采用的电压噪声密度谱测量方法

进入到 32Bit Δ-Σ 型 ADS1262 采集卡，用计算机采集卡的时域电压信号，通过 FFT 运算，获得传感器的电压噪声频谱。

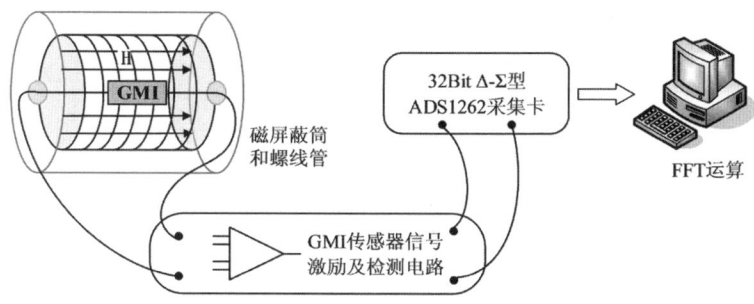

图 6.21　GMI 磁传感器噪声测试系统图

主要参考文献

鲍丙豪,宋雪丰,任乃飞,等,2006.非晶态合金薄带与膜的巨磁阻抗效应理论及计算[J].物理学报,7(1):3698-3704.

陈磊,2011.软磁材料巨磁阻抗效应及其在生物传感器中的应用研究[D].上海:上海交通大学.

程兴国,2014.霍尔效应电流传感器的结构优化与应用基础研究[D].武汉:华中科技大学.

戴道生,2016.物质磁性基础[M].北京:北京大学出版社.

姜寿亭,李卫,2003.凝聚态磁性物理[M].北京:科学出版社.

蒋峰,鲍丙豪,闻凤连,2009.激励电流对CoFeSiB非晶带GMI效应的影响[J].电子元件与材料,28(2):3.

蒋杰峰,2022.基于曲折型薄膜结构的GMI效应仿真与实验研究[D].武汉:中国地质大学(武汉).

金汉民,2013.磁性物理[M].北京:科学出版社.

康晨,2021.基于软磁材料的巨磁阻抗效应研究[D].兰州:兰州大学.

柯可人,2014.高性能、低功耗模拟前端芯片的研究与设计[D].上海:复旦大学.

李光林,蔡坤良,李凯,等,2015.微弱信号检测锁定放大器的设计[J].电子世界(23):3.

李建华,陈家文,2023.高频电流激励下的GMI传感器测试及纵向磁场对螺旋磁化和线圈电压的影响研究[J].传感技术学报,36(5):457-465.

廖绍彬,1998.铁磁学[M].北京:科学出版社.

刘景顺,2013.非晶微丝的巨磁阻抗效应及其连接和温度特性[D].哈尔滨:哈尔滨工业大学.

庞浩,李根,王赞基,2008.磁环中非晶丝的阻抗效应分析[J].物理学报(11):7194-7199.

屈川,南雪萌,李再东,2024.铁磁共振下均匀磁化强度的惯性动力学[J].山西大学学报(自然科学版),47(1):171-178.

赏星耀,项新建,2004.基于同步周期扩展的宽范围等精度快速频率测量方法的研究[J].仪器仪表学报(Z1):3.

沈瑶,赵彦珍,高昕悦,等,2020.基于ANSYS Maxwell的平面螺旋型线圈电感仿真分析[J].中国现代教育装备(19):39-42.

田民波,2001.磁性材料[M].北京:清华大学出版社.

主要参考文献

宛德福,马兴隆,1994.磁性物理学[M].成都:电子科技大学出版社.

王晋超,2019.基于GMI效应的磁传感器噪声建模与实验研究[D].武汉:中国地质大学(武汉).

王日兴,2012.倾斜各向异性磁性多层膜中铁磁共振的理论研究[D].长沙:湖南大学.

王晓鹏,2015.基于MC1496的同步检波电路与Multisim仿真[J].中国新通信(11):118-118.

魏双成,邓甲昊,杨雨迎,2013.基于GMI效应的高灵敏磁探测技术[J].弹箭与制导学报,33(5):4.

吴炎波,2011.电桥法在阻抗测量中的应用[J].北京电力高等专科学校学报:自然科学版(8):028.

严密,彭晓领,2006.磁学基础与磁性材料[M].杭州:浙江大学出版社.

张建志,崔霞霞,2005.一种适用于QAM和PSK信号的载波恢复算法[J].计算机与网络(20):3.

张鑫,2013.基于LabVIEW的GMI效应自动测试系统构建[D].武汉:中国地质大学(武汉).

张鑫,晋芳,周玲,2014.扫频测量在GMI效应测试中的应用[J].测控技术(8):27-29.

张毅,2014.新型软磁复合材料的巨磁阻抗效应研究[D].兰州:兰州大学.

张有纲,黄永杰,罗迪民,1988.磁性材料[M].成都:成都电讯工程学院出版社.

张志强,刘琦,郭黎利,2002.DDS芯片AD9851及其在全数字扩频调制中的应用[J].应用科技,29(8):3.

赵湛,鲍丙豪,2005.直流偏置电流对钴基非晶带环形磁芯巨磁阻抗效应的影响[J].金属功能材料,12(5):4.

周世昌,1994.磁性测量[M].北京:电子工业出版社.

周寿增,高学绪,2017.磁致伸缩材料[M].北京:冶金工业出版社.

ABO G S, HONG Y K, PARK J, et al., 2013. Definition of magnetic exchange length [J]. IEEE Transactions on Magnetics, 49(8):4937-4938.

AMIRI M S, THIELEN M, RABUNG M, et al., 2014. On the role of crystal and stress anisotropy in magnetic Barkhausen noise[J]. Journal of Magnetism and Magnetic Materials, 372:16-22.

BARANDIARAN J M, KURLYANDSKAYA G V, VAZQUEZ M, et al., 1999. A simple model of the magnetoresistance contribution to the magnetoimpedance effect in thin films[J]. Physica Status Solidi(A) Applied Research, 171(1):R3-R4.

BENNEMANN K, 2010. Magnetic nanostructures[J]. Journal of Physics: Condensed Matter, 22(24):39.

BETANCOURT I, VALENZUELA R, VAZQUEZ M, 2003. Domain model for the magneto impedance of metallic ferromagnetic wires[J]. Journal of Applied Physics, 93:8110-8112.

BLAMIRE M G,ROBINSONJ W A,2014. The interface between superconductivity and magnetism:understanding and device prospects[J]. Journal of Physics:Condensed Matter,26(45):13.

BUZNIKOV N A,KIM C G,KIM C O,et al.,2005. A model for asymmetric giant magnetoimpedance in field-annealed amorphous ribbons[J]. Applied Physics Letters,85(16):3507-3509.

CHEN C,MEI L M,GUO H Q,et al.,1998. The sensitive magnetoimpedance effect in Febased soft ferromagnetic ribbons[J]. Journal of Physics Condensed Matter,9(35):7269-7280.

CHEN D X,MUNOZ J L,1997. Theoretical eddy-current permeability spectra of slabs with bar domains[J]. IEEE Transactions on Magnetics,33:2229-2244.

CHEN D X,MUNOZ J L,1999. AC impedance and circular permeability of slab and cylinder[J]. IEEE Transactions on Magnetics,35:1906-1923.

CHEN D X,MUNOZ J L,HERNANDO A,et al.,1998. Magnetoimpedance of metallic ferromagnetic wires[J]. Physical Review B,57:10699-10704.

CHEN L,ZHOU Y,LEI C,et al.,2010. Enhancement of magnetoimpedance effect in Co-based amorphous ribbon with a meander structure[J]. Physica status solidi (A),207(2):448-451.

CHEN T,JONES R,CHANG P,et al.,1981. The coupling effect between the dual elements of a superimposed head[J]. IEEE Transactions on Magnetics,17(6):2905-2907.

DONG C,CHEN S,HSU T Y,2002. A simple model of giant magneto-impedance effect in amorphous thin films[J]. Journal of Magnetism & Magnetic Materials,250:288-294.

ENDERS A,SKOMSKI R,HONOLKA J,2010. Magnetic surface nanostructures[J]. Journal of Physics:Condensed Matter,22(43):32.

FARIA A,LUÍS MARQUES,FERREIRA C,et al.,2021. A fast and precise tool for multi-Layer planar coil self-Inductance calculation[J]. Sensors,21(14):4864.

GROMOV A,KORENIVSKI V,HAVILAND D,et al.,1999. Analysis of current distribution in magnetic film inductors[J]. Journal of Applied Physics,85(8):5202-5204.

GROMOV A,KORENIVSKI V,RAO K V,et al.,1998. A model for impedance of planar RF inductors based on magnetic films[J]. IEEE transactions on magnetics,34(4):1246-1248.

IKEDA S,MIURA K,YAMAMOTO H,et al.,2010. A perpendicular-anisotropy CoFeB-MgO magnetic tunnel junction[J]. Nature Materials,9(9):721-724.

JIANG J F,JIN F,YANG B,et al.,2021. Effect of Meander Structure on Magnetoimpedance Characteristics in FeNi/Cu/FeNi Films[J]. IEEE Transactions on Magnetics,58(2):1-5.

KIKUCHI H,TANII M,UMEZAKI T,2020,. Effects of parallel and meander configuration on thin-film magnetoimpedance element[J]. AIP Advances10(1):015334.

KRAUS L,1999. Theory of giant magneto-impedance in the planar conductor with uniaxial magnetic anisotropy[J]. Journal of Magnetism and Magnetic Materials,195（3）：764-778.

KRAUS L,1999. Theory of giant magneto-impedance in the planar conductor with uniaxial magnetic anisotropy[J]. Journal of Magnetism and Magnetic Materials,195(3):764-778.

KRAUS L,2003. GMI modeling and material optimization[J]. Sensors and Actuators A:Physical,106:187-94.

KURLYANDSKAYA G V, GARCÍA-ARRIBAS A, FERNÁNDEZ E, et al., 2012. Nanostructured magnetoimpedance multilayers[J]. IEEE transactions on magnetics,48(4):1375-1380.

KURLYANDSKAYA G V,SVALOV A V,FERNANDEZ E,et al.,2010. FeNi-based magnetic layered nanostructures: Magnetic properties and giant magnetoimpedance[J]. Journal of Applied Physics,107(9):09C502.

KYPRIS O,2015. Detection of sub-surface stresses in ferromagnetic materials using a new Barkhausen noise method[D]. Ames:Iowa State University.

MACHADO F L A,MARTINS C S,REZENDE S M,1995. Giant magnetoimpedance in the ferromagnetic alloy CoFeSiB[J]. Physical Review Journals,51(1):3926-3929.

MACHADO F L A,REZENDE S M,1996. A theoretical model for the giant magneto impedance in ribbons of amorphous soft-ferromagnetic alloys[J]. Journal of Applied Physics,79:6558-6560.

MACHADO F L A,REZENDE S M,1996. A theoretical model for the giant magnetoimpedance in ribbons of amorphous soft-ferromagnetic alloys[J]. Journal of Applied Physics,79(8):6558-6560.

MAKHNOVSKIY D P, PANINA L V, 2000. Size effect on magneto-impedance in layered films[J]. Sensors and Actuators A:Physical,81(1-3):91-94.

MANH-HUONG PHAN,HUA-XIN PENG,2008. Giant magnetoimpedance materials: Fundamentals and applications[J]. Progress in Materials Science,53:323-420.

MELO A, BOHN F, FERREIRA A, et al., 2020. High-frequency magnetoimpedance effect in meander-line trilayered films[J]. Journal of Magnetism and Magnetic Materials,515:167166.

MOHRI K, KOHSAWA T, KAWASHIMA K, et al., 1992. Magneto-inductive effect (MI effect) in amorphous wires[J]. IEEE Transactions on Magnetics,28(5):3150-3152.

MOHRI K,PANINA I V,VCHIYAMA T,et al.,1995. Sensitive and quick response micro magnetic sensor utilizing magneto-impedance in Co-rich amorphous wires[J]. IEEE Transactions on Magnetics,31(2):1266-1275.

MOLINARI A, HAHN H, KRUK R, 2018. Voltage-Controlled On/Off Switching of Ferromagnetism in Manganite Supercapacitors[J]. Advanced Materials,30(1):6.

MOON S H,NOH S H,LEE J H,et al.,2017. Ultrathin Interface Regime of CoreShell Magnetic Nanoparticles for Effective Magnetism Tailoring[J]. Nano Letters Journal,17(2): 800-804.

NAKAI T,ABE H,YABUKAMI S,et al.,2005. Impedance property of thin film GMI sensor with controlled inclined angle of stripe magnetic domain[J]. Journal of magnetism and magnetic materials,290:1355-1358.

PANINA L V,2002. Asymmetrical giant magneto-impedance (AGMI) in amorphous wires[J]. Journal of Magnetism and Magnetic Materials,249(1):278-287.

PANINA L V,MAKHNOVSKIY D P,MAPPS D J,et al.,2001. Two-dimensional analysis of magnetoimpedance in magnetic/metallic multilayers[J]. Journal of Applied Physics,89(11):7221-7223.

PANINA L V,MOHRI K,1995. High-frequency giant magneto-impedance in Co-rich amorphous wires and films[J]. Journal of the Magnetics Society of Japan,19:265-268.

PANINA L V,MOHRI K,UCHIYAMA T,et al.,1995. Giant magneto-impedance in Co- rich amorphous wires and films[J]. IEEE Transactions on Magnetics,31:1249-1260.

PATON A ,MILLAR W,1964. Compression of magnetic field between two semi-infinite slabs of constant conductivity[J]. Journal of Applied Physics,35(4):1141-1146.

PEREZ-MATO J M,RIBEIRO J L,PETRICEK V,et al.,2012. Magnetic superspace groups and symmetry constraints in incommensurate magnetic phases[J]. Journal of Physics:Condensed Matter,24(16):20.

PETERS C,MANOLI Y,2008. Inductance calculation of planar multi-layer and multi-wire coils:An analytical approach[J]. Sensors and Actuators A:Physical,145-146(1):394-404.

RIPKA P,PLATIL A,KASPAR P,et al.,2003. Permalloy GMI sensor.[J]. Journal of Magnetism & Magnetic Materials:254:633-635.

RIVERO M A,MAICAS M,LOPEZ E,et al.,2003. Influence of the sensor shape on permalloy/Cu/permalloy magnetoimpedance[J]. Journal of magnetism and magnetic materials,254:636-638.

ROSHEN W A,1990. Effect of finite thickness of magnetic substrate on planar inductors[J]. IEEE Transactions on Magnetics,26(1):270-275.

ROSHEN W A,TURCOTTE D E,1988. Planar inductors on magnetic substrates[J]. IEEE Transactions on Magnetics,24(6):3213-3216.

SUKSTANSKII A,KORENIVSKI V,GROMOV A,2001. Impedance of a ferromagnetic sandwich strip[J]. Journal of Applied Physics,89(1):775-782.

UCHIYAMA T,MOHRI K,HONKURA Y,et al.,2012. Recent advances of pico-Tesla resolution magneto-impedance sensor based on amorphous wire CMOS IC MI sensor[J]. IEEE Transactions on magnetics,48(11):3833-3839.

VOLNIANSKA O,BOGUSLAWSKI P,2010. Magnetism of solids resulting from spin polarization of porbitals[J]. Journal of Physics:Condensed Matter,22(7):19.

WANG T,CHEN Y,HE Y,et al.,2020. Effect of direct-current bias on the perpendicular giant magnetoimpedance of a meander-line multilayer structure[J]. IEEE Magnetics Letters,11:1-5.

YANG Z,GOLUBEVA E V,VOLCHKOV S O,et al.,2020. Magnetic properties and giant magnetic impedance of amorphous CoFeNISiB ribbons in the form of micromeanders[J]. Inorganic Materials:Applied Research,11(4):849-854.

YANG Z,LEI C,ZHOU Y,et al.,2014. Study on the giant magnetoimpedance effect in micropatterned Co-based amorphous ribbons with single strip structure and tortuous shape[J]. Microsystem Technologies,21(9):1995-2001.

ZHOU H,ZHONG M P,ZHANG D S,2017. Operating point self-regulator for giant magneto-impedance magnetic sensor[J]. Sensors,17(5):1103.

ZHOU Z,ZHOU Y,CHEN L,et al.,2011. Transverse,longitudinal and perpendicular giant magnetoimpedance effects in a compact multiturn meander NiFe/Cu/NiFe trilayer film sensor[J]. Measurement Science and Technology,22(3):035202.

ZHU K V,TALAAT A,IPATOV M,et al.,2014. Effect of nanocrystallization on magnetic properties and GMI Effect of Fe-rich microwires[J]. IEEE Transactions on Magnetics,50(6):1-5.

附录1 一些物质的磁化率

磁性类型	元素或化合物	磁化率 χ
抗磁性	铜 Cu	-1.0×10^{-5}
	锌 Zn	-1.4×10^{-5}
	金 Au	-3.6×10^{-5}
	汞 Hg	-3.2×10^{-5}
	水 H_2O	-9.0×10^{-6}
	氢 H	-2.0×10^{-6}
	氖 Ne	-0.32×10^{-6}
	铋 Bi	-1.66×10^{-4}
	热解石墨	-4.09×10^{-4}
顺磁性	锂 Li	4.4×10^{-5}
	钠 Na	0.62×10^{-5}
	铝 Al	2.2×10^{-5}
	钒 V	38×10^{-5}
	钯 Pd	79×10^{-5}
	钕 Nd	34×10^{-5}
	空气	36×10^{-8}（氮是抗磁性）
	氯化铁 $FeCl_3$	77.9×10^{-5}
	氯化锰 $MnCl_2$	86×10^{-5}
反铁磁性	MnO	$0.69 \left(\dfrac{\chi(0)}{\chi(T_N)} \right)$
	FeO	0.78
	CoO	
	NiO	0.67
	CrO	
	Cr_2O_3	0.76
铁磁性	铁晶体	$\sim 1.4 \times 10^6$（相对磁导率）
	钴晶体	$\sim 10^3$
	镍晶体	$\sim 10^6$
	3.5%Si-Fe	$\sim 7 \times 10^4$
	AlNiCo（铝镍钴）	=10
亚铁磁性	Fe_2O_3	$\sim 10^2$（相对磁导率）
	各种铁氧体	$\sim 10^3$

附录 2 几种主要软磁材料的磁性能

系统	材料名称	组成	磁导率 初始 μ_i	磁导率 最大 μ_{max}	饱和磁通密度 B_S/T	矫顽力 H_c/(A·m^{-1})	电阻率 ρ/($\mu\Omega$·m)	居里温度 T_c/℃
铁及铁系合金	电工软铁	Fe	300	8000	2.15	64	0.11	770
	硅钢	Fe-3Si	10 000	30 000	2.0	24	0.45	750
	铁铝合金	Fe-3.5Al	500	19 000	1.51	24	0.47	750
	Alperm（阿尔帕姆高磁导率铁镍合金）	Fe-16Al	3000	55 000	0.64	3.2	1.53	
	Permendur（珀明德铁钴系高磁率合金）	Fe-50Co-2V	650	6000	2.4	160	0.28	980
	仙台斯特合金	Fe-9.5Si-5.5Al	30 000	120 000	1.1	1.6	0.8	500
坡莫合金	78坡莫合金	Fe-78.5Ni	8000	100 000	0.86	4	0.16	600
	超坡莫合金	Fe-79Ni-5Mo	100 000	600 000	0.63	0.16	0.6	400
	Mumetal（铁镍铜系高磁导率合金）	Fe-77Ni-2Cr-5Cu	20 000	100 000	0.52	4	0.6	350
	Hardperm（镍铁铌系高磁导率合金）	Fe-79Ni-9Nb	125 000	500 000	0.1	0.16	0.75	350
铁氧体化合物	Mn-Zn系铁氧体	32MnO·17ZnO·51Fe$_2$O$_3$	1000	4250	0.425	19.5	$10^4 \sim 10^5$	185
	Ni-Zn系铁氧体	15NiO·34ZnO·51Fe$_2$O$_3$	900	3000	0.2	24	$10^5 \sim 10^{13}$	70
	Cu-Zn系铁氧体	22.5CuO·27.5ZnO·50Fe$_2$O$_3$	400	1200	0.2	40	109	90
非晶态	金属玻璃 2605SC	Fe-3B-2Si-0.5C	2500	300 000	1.61	3.2	1.25	370
	金属玻璃 2605S2	Fe-3B-5Si	5000	500 000	1.56	2.4	1.30	415

附录 3 电、磁学量单位及不同单位制中物理量数值的换算关系

磁学量	符号	定义式	SI 单位制	SI 量纲式	CGSM 单位制	CGSM 量纲式	y
磁场强度	H	$H=I/2\pi r$	A/m	$m^{-1}\cdot A$	Oe	$cm^{-1/2}\cdot g^{1/2}\cdot s^{-1}$	$4\pi\times10^{-3}$
		$H=2I/r$					
磁矩	M	$M=IA$	$A\cdot m^2$	$m^2\cdot A$	emu	$cm^{5/2}\cdot g^{1/2}\cdot s^{-1}$	$4\pi\times10^{-3}$
磁化强度	M	$M=(\sum m)/V$	A/m	$m^{-1}\cdot A$	Gs	$cm^{-1/2}\cdot g^{1/2}\cdot s^{-1}$	$4\pi\times10^{-3}$
磁化率	χ	$\chi=M/H$	SI 单位	无	emu(电磁单位)	无	$10^{10}/4\pi$
磁偶极矩	j	$j=\mu_0 m$	$Wb\cdot m$	$m^3\cdot kg\cdot s^{-2}\cdot A^{-1}$	emu	$cm^{5/2}\cdot g^{1/2}\cdot s^{-1}$	$10^4/4\pi$
磁极化强度	J	$J=(\sum j)/V$	$Wb/m^2(T)$	$kg\cdot s^{-2}\cdot A^{-1}$	Gs	$cm^{-1/2}\cdot g^{1/2}\cdot s^{-1}$	1
	σ	$\sigma=M/\rho$	$A\cdot m^2/kg$	$m^2\cdot s^{-2}\cdot A^{-1}$	emu/g	$cm^{5/2}\cdot g^{-1/2}\cdot s^{-1}$	$(4\pi)^{-1}\times10^7$
比磁化强度		$\sigma=J/\rho$	$Wb\cdot m/kg$	$m^3\cdot s^{-2}\cdot A^{-1}$	emu/g		
		$\sigma=4\pi M/\rho$			$Gs\cdot cm^2/g$		
磁感应强度	B	$\vec{F}=Q\vec{r}\times\vec{B}$	$Wb/m^2(T)$	$kg\cdot s^{-2}\cdot A^{-1}$	$Gs(M_x/cm^2)$	$cm^{-1/2}\cdot g^{1/2}\cdot s^{-1}$	10^7
磁通量	Φ	$\Phi=\int_A \vec{B}\cdot d\vec{A}$	Wb	$m^2\cdot kg\cdot s^{-2}\cdot A^{-1}$	M_x	$cm^{3/2}\cdot g^{1/2}\cdot s^{-1}$	10^8
磁能积	(BH)		$J/m^3(Wb\cdot A/m^2)$	$m^{-1}\cdot kg\cdot s^{-2}$	erg/cm^3	$cm^{-1}\cdot g\cdot s^{-2}$	10
磁各向异性常数	K_1,K_2,K_3		J/m^3		$Gs\cdot Oe$		$4\pi\times10$
磁能密度			J/m^3	$m^{-1}\cdot kg\cdot s^{-2}$	erg/cm^3	$cm^{-1}\cdot g\cdot s^{-2}$	10
磁动势	$F(Em)$	$F=NI$	A	A	Gb	$cm^{1/2}\cdot g^{1/2}\cdot s^{-1}$	$4\pi/10$
		$F=4\pi NI$					
磁阻	Rm	$Rm=l/\mu_0\mu A$	$H^{-1}(A/Wb)$	$m^{-2}\cdot kg^{-1}\cdot s^2\cdot A^2$	emu	cm^{-1}	10^{-9}
绝对磁导率	$\mu_0\mu$	$\mu=B/H$	H/m	$m\cdot kg\cdot s^{-2}\cdot A^{-2}$	无	无	$10^7/4\pi$

续附录 3

磁学量	符号	定义式	SI 单位制	SI 量纲式	CGSM 单位制	CGSM 量纲式	y
相对磁导率	μ	$\mu = B/\mu_0 H$	无	无	1	无	1
磁常数	μ_0		$4\pi \times 10^{-7}$ H/m				4π
退磁因子	N						
旋磁比	r		m/A·s	$m \cdot s^{-1} \cdot A^{-1}$	$1/(Oe*s)$		$10^3/4\pi$
g 因子							1
力	F		N	$m \cdot kg \cdot s^{-2}$	dyn	$cm \cdot g \cdot s^{-2}$	10^5
压力	P		Pa	$m^{-1} \cdot kg \cdot s^{-2}$	dyn/cm^2	$cm^{-1} \cdot g \cdot s^{-2}$	10
密度			kg/m^3	$m^{-3} \cdot kg$	g/cm^3	$cm^{-3} \cdot g$	10^{-3}
力矩	M		N·m	$m^2 \cdot kg \cdot s^{-2}$	dyn*cm	$cm^2 \cdot g \cdot s^{-2}$	10^7
能、功	$W(E)$		J	$m^2 \cdot kg \cdot s^{-2}$	erg	$cm^2 \cdot g \cdot s^{-2}$	10^7
功率	P		W	$m^2 \cdot kg \cdot s^{-3}$	erg/s	$cm^2 \cdot g \cdot s^{-3}$	10^7
电流	I		A	A	emu	$cm^{3/2} \cdot g^{1/2} \cdot s^{-1}$	10^{-1}
电动势	V		V	$m^2 \cdot kg \cdot s^{-3} \cdot A^{-1}$	emu	$cm^{1/2} \cdot g^{1/2} \cdot s^{-1}$	10^8
电阻	R			$m^2 \cdot kg \cdot s^{-3} \cdot A^{-2}$	emu	$cm^{-1} s$	10^9
电容	C		F	$m^{-2} \cdot kg^{-1} \cdot s^4 \cdot A^2$	cm	cm	10^{-9}
电感	L		H	$m^2 \cdot kg \cdot s^{-2} \cdot A^{-2}$	cm	cm	10^9
介电常数	ϵ		$F \cdot m^{-1}$				
	ϵ_0		$=36\pi \times 10^9$ F/m				

备注:1 SI 单位=y CGSM 单位。